"人口、资源与环境经济学"河北省重点学科资助

Nongcun Shengtai Huanjing Jianshe de
Zhengce he Zhidu Yanjiu
—— Yi Hebei Weili

农村生态环境建设的政策和制度研究

—— 以河北为例

孙丽欣 丁欣 张汝飞 于振英 / 著

中国财经出版传媒集团

经济科学出版社

Economic Science Press

图书在版编目（CIP）数据

农村生态环境建设的政策和制度研究：以河北为例／
孙丽欣等著．—北京：经济科学出版社，2017.6
ISBN 978-7-5141-8257-6

Ⅰ.①农…　Ⅱ.①孙…　Ⅲ.①农村生态环境-生态
环境建设-环境政策-研究-河北　Ⅳ.①S181.3

中国版本图书馆 CIP 数据核字（2017）第 173537 号

责任编辑：王冬玲
责任校对：王肖楠
责任印制：邱　天

农村生态环境建设的政策和制度研究
——以河北为例

孙丽欣　丁　欣　张汝飞　于振英　著
经济科学出版社出版、发行　新华书店经销
社址：北京市海淀区阜成路甲 28 号　邮编：100142
总编部电话：010-88191217　发行部电话：010-88191522
网址：www. esp. com. cn
电子邮件：esp@ esp. com. cn
天猫网店：经济科学出版社旗舰店
网址：http://jjkxcbs. tmall. com
固安华明印业有限公司印装
710×1000　16 开　12.5 印张　230000 字
2017 年 6 月第 1 版　2017 年 6 月第 1 次印刷
ISBN 978-7-5141-8257-6　定价：48.00 元
（图书出现印装问题，本社负责调换。电话：010-88191510）
（版权所有　侵权必究　举报电话：010-88191586
电子邮箱：dbts@esp. com. cn）

前　言

　　河北省是京津及华北地区重要的生态屏障。改革开放以来，河北省的经济持续高速发展，农业和农村经济也取得了长足进步。但与此同时，农村环境污染问题也日益突出，由于大力发展畜禽养殖带来的畜禽粪便污染、农村水污染，大量使用化肥、农药导致的土壤污染以及农村生活水平提高、农村生活方式改变而增加的农村生活垃圾和生活污水污染等问题，使农村的生态环境遭到严重破坏，不仅直接影响农村居民的生活和身体健康，而且严重制约了河北省农村经济社会的可持续发展。

　　本书以"农村生态环境建设的政策和制度研究"为主题，主要基于以下现实背景及原因。

　　一是河北省农村环境污染、生态恶化现象日趋严重。首先，河北省作为畜牧大省，畜禽养殖污染极为严重。2014 年，河北省畜牧产值达到 1952.02 亿元，占全省农林牧渔总产值比重的 32.56%；2014 年末，全省大牲畜存栏 488.23 万头，其中，肉牛存栏 402.42 万头，马、驴存栏分别为 17.06 万头、49.92 万头；2014 年末生猪存栏 1915.5 万头，全省肉羊存栏 1526.4 万只，家禽养殖数量 38694.7 万只；[①] 禽蛋总产量 362.71 万吨，肉类总产量达到 468.1 万吨，居全国第八位。据 2010 年公布的《第一次全国污染源普查公报》数据显示，畜禽养殖污染在农村环境污染中占的比例偏重，畜禽养殖业的化学需

---

　　① 河北省统计局. 河北经济年鉴 2015. 河北省统计局网站 http：//www. hetj. gov. cn/res/nj2015/indexch. htm.

氧量、总氮、总磷分别占农业源的 96%、38% 和 56%。由于大量的养殖场建于村内，没有实行人畜（禽）分离，养殖场恶臭气味对周围居民的生活产生较大影响；未经安全处理的畜禽粪便直接排入水中或任意堆放，造成水体富营养化，严重污染地下水和地表水环境，对广大农村和城镇居民的饮水安全问题产生威胁。其次，农业生产中不断增加的农用化学物质及其废弃物污染日趋严重，农村生活垃圾和生活污水污染加剧。由于河北省人多地少（现有人均耕地 1.26 亩，低于全国人均 1.43 亩的平均水平，不到世界平均水平的 40%），对土地资源的开发已接近极限，化肥、农药的使用成为提高单位产出水平的重要途径。2014 年，河北省平均化肥施用量为 397.36 千克/公顷，大大超过了发达国家设置的 225 千克/公顷的安全上限，并呈逐年上升的趋势。此外，由于自然环境和地理位置不同，河北省的生态环境恶化呈现不同地域性特征，如坝上高原生态区草场退化、土地沙漠化现象严重；平原生态区地下水严重超采，水资源危机日益加剧；山地生态区乱砍滥伐，水土流失加剧等。

二是河北省农村生态环境恶化的根源是农村生态环境政策和制度缺失。河北省农村环境污染和生态环境恶化的原因，既包括城乡二元化影响所导致的城市污染向农村的转移、农村基础设施薄弱、乡镇企业管理落后、农村居民环保意识淡薄等表层因素，也具有法律、制度缺失、政绩考核观扭曲、管理体制不健全、宣传教育不足等深层次原因。二者之间的关系表现为：（1）现行环境保护制度和政策导向是导致城市污染向农村转移、乡镇企业管理存在缺陷的制度根源；同时也造成国家对农村环境基础设施建设和环保投入的忽视和不足，导致农村公共物品供给边缘化。（2）地方政府"唯 GDP"的政绩考核观，导致在环境管理方面出现"政府失灵"，对乡镇企业的污染视而不见，放松管制，也对城市污染的转移来者不拒。（3）现行环境管理体制存在的缺陷和不足，从客观上造成对乡镇企业和农业、农村地区的生产和生活污染问题监管不到位，同时也导致农村居民环境保护意识不强。（4）农村环境保护宣传教育制度不完善、宣传教育机构不健全，导致农民环境保护意识欠缺。

长期以来，河北省乃至全国环境保护的重点大都放在了城市、工业集聚地、流域及自然保护区、风景文物保护区等，国家有关的环保制度、政策法规和环境资金都是针对城市及其工业部门的，农村的环境保护在很大程度上处于边缘化，广大农村地区生态环境监管不力与缺位，环境政策缺失。同时，现有的环境政策和制度存在着很多不足，没有形成有效的激励机制，成为造成农村生态环境趋于恶化的重要原因。

三是环境污染问题的内在机制在于经济活动的外部性和环境资源的公共物品属性所导致的市场失灵。一方面，大量的污染是伴随着经济增长过程中生产规模的不断扩张和消费水平的不断提升而不可避免的"负外部性"问题。另一方面，生态环境建设具有社会公益事业的属性，其目标是追求生态效益和社会效益的最大化。对于从事生态环境改善行为的主体而言，其改善生态环境的"正外部性"——好处（收益）为公众所享，成本却由自己来承担的，制约了其行动的积极性和主动性。当前的农村生态环境建设所出现的一些局面，如各地生态示范村、生态示范县的建设，以及各地政府大力推广的农村沼气池工程等，很大程度上是在政府的一些"硬性指标"的约束下进行的，缺乏从经济激励机制的角度促进农村和农业经济活动主体（农户和乡镇企业）的自发行为的政策和制度，没有形成有效的激励机制。而农村生态环境建设作为一项系统工程，必须要有一系列强有力的制度和政策为保障，包括建立完善的农村环境保护法律法规体系；建立有关农村和农业经济活动中污染者治理、受益者补偿的经济机制；建立健全农村环境保护工作的组织管理体系和制度等。

本书基于河北省农村生态环境建设的"政策需求"分析出发，重点从遏制农村生态环境恶化和促使农村生态环境改善两方面的外部性的"内部化"分析入手，对农村生态环境建设的政策"供给"进行研究，在借鉴美国、日本、英国、德国、荷兰、丹麦等发达国家开展农村生态环境保护的经验以及国内湖北恩施沼气建设、宁波市镇海区畜禽粪便污染治理等政策实践基础上，提出河北省推进农村生态环境建设的政策体系应从基础政策、核心政策、支持（辅助）政策三个层面构建。第一层面，以加强农村环境综合整治，促进生态农业发展为目标的包括防治水土流失，保护森林、草原、耕地和水源等的法律法规和制度，加强农村污水处理、生活垃圾处理、畜禽粪便处理等法律法规、条例和管理办法以及制定各项相关环境标准等内容的基础政策；第二层面，建立有关农村和农业经济活动中污染者治理、受益者补偿的市场机制，以及综合运用财税、投资、信贷、价格等方面的政策措施和制度，即核心政策；第三层面，加强环境监管、信息披露、建立健全农村环保组织管理体系（向农村基层的延伸）的政策和制度以及加强农民环保意识的宣传教育政策等，即支持（辅助）政策。在政策表现形式上，上述各类政策可以是法律法规，也可以是规章制度、指导文件、标准和规划。

本书共十章，分别是绪论，农村生态环境建设内涵及其相关理论，河北省农村生态环境现状与总体评价，河北省农村生态环境恶化的原因分析，河北省农村生态环境建设政策需求分析，河北省农村生态环境改善意愿调查分析，国内外农村生态环境保护政策实践与经验借鉴，河北省农村生态环境建设政策体系构建，基于市场化手段的农村生态环境建设核心政策，空气污染治理与河北省农村新能源发展制度创新。

本书是在2010~2012年河北省科技厅资助的软科学研究项目"河北省农村生态环境建设的政策支撑体系研究"（项目编号为：10457204D-5）的研究报告基础上，经过补充、修改和完善而成。本书的写作在项目组成员的共同努力下完成。在本书的修改、写作中得到了很多专家学者的指导，在此一并表示感谢。

本书的出版得到了河北地质大学省级重点学科"人口、资源与环境经济学"的经费资助，特此致谢。

由于作者的理论水平与实践经验有限，本书难免存在肤浅和不足之处，恳请得到各位专家学者的批评指正。

孙丽欣
2017年2月

Contents

目录

第一章
绪　论

一、研究背景及意义

1. 农村环境恶化制约了河北省经济可持续发展

由大气环境、水环境、土壤环境等组成的自然生态环境是人类生存的条件，也是人类发展的根基。自然资源是稀缺的，自然环境对人类废弃物的吸纳、净化也是有限的。随着人类经济活动水平的不断提高和扩张，日益严重的环境问题和环境危机，已从城市扩展到乡村。农村的生态环境日益恶化，严重制约了农业和农村经济的可持续发展及其人民生活质量的提高。

河北省位于华北地区东部，地处东经 113°27′ ~ 119°50′，北纬 36°05′ ~ 42°40′。东临渤海，西倚太行山与山西省相连，南及东南与河南、山东省毗邻，北与内蒙古自治区接壤，东北与辽宁相邻，中嵌京津两市，总面积 18.77 万平方公里，占全国土地总面积的 1.96%。河北省地势西北高、东南低，由西北向东南倾斜。地貌复杂多样，高原、山地、丘陵、盆地、平原类型齐全。其自然地理环境为：北部为坝上高原，高原南侧为弧形分布的燕山、太行山山脉，东南部为广袤的平原；平原、山地、高原自东南向西北排列，井然有序，其面积分别占全省总面积的 30.5%、37.4%、17.8%（包括丘陵）①，是京津及华北地区重要的生态屏障。

近年来，河北省以发展县域特色主导产业为重点，积极推进农业产业化、现代化和新农村建设，取得了显著的成绩。但随着农村经济的发展，农村环境污染问题也日益突出，由于大力发展畜禽养殖导致农村水体污染，大量使用化肥、农药导致土壤污染，同时，随着农村生活水平提高而增加的生活垃圾和生活污水排放等污染问题，不仅直接影响农村居民的生活和身体健康，而且严重制约和影响了河北省农村经济社会的可持续发展。很多农村"垃圾靠风刮、污水靠蒸发"，缺乏必要的集中处理设施，农村环境污染问题没有得到相应的重视。据统计，截至 2008 年底，全省乡镇污水处理设施拥有率仅 1.8%；在垃圾处理方面，全省村镇配有环卫专用车辆 2434 辆，年生活垃圾清运量 133.88 万吨，年生活垃圾处理量 8.95 万吨，垃圾处理率仅为 6.7%。②2014 年河北省平均化肥施用量为 397.36 千克/公顷，大大超过了发达国家设置的 225 千克/公顷的安全上限，并逐年呈上升的趋势。大量未被利用的化肥、农药残留于土壤或者直接进入空气和水环境中，严重污染了农村居民乃至城市居民的生存环境和食品安全。

长期以来，农村经济作为国民经济的基础，不仅为城乡居民的生存提供各种食物，而且也为工业生产提供大量的原材料。以农村为主体的自然生态系统还担负着涵养水源、净化土壤和空气、为城市居民提供恬静优美的乡村环境（以满足城市居民休闲、娱乐和周末度假的需求）等生态服务功能。农村生态环境的恶化，不仅影响到农村经济社会的可持续发展，同时也制约着包括城市在内的整个国民经济的发展。一方面，森林退化、水土流失、地下水超采等生态系统的破坏导致我们将更多的资源用于环境治理、生态修复，从而增加了发展的成本；另一方面，在经济全球化的背景下，农业生产中大量使用农药、化肥等造成的土壤和水污染在很大程度上严重损害了经济竞争力，大量农产品由于污染而达不到发达国家的标准，使出口受限。

---

① 河北省统计局.2009 年河北省经济年鉴.中国统计出版社，2009 年.
② 河北新闻.河北农村环保"以奖代补"全面推进，燕赵都市网，http://yanzhao.yzdsb.com.cn，2009 - 09 - 08.

2. 农村环境恶化的根源在于政策和制度的缺失和不足

长期以来，河北省乃至全国环境保护的重点大都放在了城市、工业集聚地、流域及自然保护区、风景文物保护区等方面，国家有关的环保制度、政策法规和环境资金都是针对城市及其工业部门的，广大农村地区生态环境监管不力与缺位，环境政策缺失，环保资金投入不足，农民环保意识不强，成为造成农村生态环境趋于恶化的重要原因。

我国农村环境立法落后，现有的环境保护体制和法律法规体系无法从根本上解决农村生态环境建设的突出矛盾，在国家已经颁布的一系列有关环境保护的法律法规中，有些也涉及解决农村环境问题，但针对性和可操作性不强。一些重要的农村环境保护领域，如畜禽养殖污染防治、面源污染防治、物种遗传资源保护、外来物种入侵防治、土壤污染防治、区域性农村污水排放标准和垃圾分类收集与无害化填埋标准等方面的立法基本上属于空白区域。尽管河北省政府早在1999年就制定了《河北省生态建设规划》，针对发展生态农业、加强农村的生态环境建设，实现农业的可持续发展提出了明确的目标和具体措施；近年来，围绕新农村建设，河北省积极保护和改善农业生态环境，增强农业可持续发展能力，以建设生态农业试点县、示范区为突破口，通过开展实施"百乡千村"环境综合整治三年行动计划（2009年），建立子牙河流域生态补偿机制试点活动（2008年）等，有效地改善了我省部分农村地区的生态环境状况及子牙河流域的水质，取得了显著成效。但是，农村生态环境建设是一项系统工程，由于我国现行的环境管理是"由国务院统一领导、环境保护部门统一监管、各部门分工负责、地方政府分级负责"的体制机构，使得目前我省的农村环境治理和建设仍处于相互割裂、各自为战的阶段；而且，由于缺乏一套系统的适合农村和农业可持续发展的环境保护的政策法规和制度体系，投资力度不够，治理和建设的总体水平较低、速度较慢。

同时，由于生态环境建设具有社会公益事业的属性，其目标是追求生态效益和社会效益的最大化。对于从事生态环境改善行为的经济主体而言，其生态环境改善的"正外部性"——好处（收益）为公众所享，成本却由自己来承担，制约了其行动的积极性和主动性。当前的农村生态环境建设所出现的一些局面，如各地生态示范村、生态示范县的建设，以及各地政府大力推广的农村沼气池工程等，很大程度上是在政府的一些"硬性指标"的约束下进行的，缺乏从经济激励机制的角度促进农村和农业经济活动主体（农户和乡镇企业）的自发行为的政策和制度，没有形成有效的激励机制。

3. 加强农村生态环境建设，必须健全和完善环境政策支撑体系

面对日益恶化的环境，我国政府实事求是地调整了执政理念和经济方针，2003 年提出放弃单纯追求 GDP，发展体现科学发展观内涵的循环经济发展模式；2005 年党的十六届五中全会提出全面推进社会主义新农村建设的重大历史任务。而建设"生产发展、生活宽裕、乡风文明、村容整洁、管理民主"的社会主义新农村，就要实现经济、政治、文化、社会与生态的协调发展，就要在发展生产、增加收入的同时提高生活质量和环境质量，就要在节约资源、保护环境的基础上建设可持续发展的新农业和改善农村人居环境，这既是农村发展的内在需要，又是破解发展困境的必由之路。

21 世纪是生态的世纪，农村的生态环境保护不仅是关系到广大农民、农村、农业的可持续问题，同时也是关系到整个社会和谐发展的重大问题。《2008 年中国环境状况公报》在概括全国农村环境保护形势时，用了 6 句话："农村环境问题日益突出，生活污染加剧，面源污染加重，工矿污染凸显，饮水安全存在隐患，呈现出污染从城市向农村转移的态势。"由此可见，农村环境保护问题已成为新时期环境保护的一个重要领域。保护和加强农村生态环境建设，是改善农业生产条件、农村生活环境，提高农产品质量安全水平，保障人民身体健康的内在要求，是实现可持续发展，落实科学发展观的重要举措，是建设社会主义新农村的有力保障。

为此，本书在对河北省现有农村生态环境保护政策和法律法规进行分析和梳理的基础上，明确现有制度和政策对农村生态环境建设的制约和不足，并以河北省农村生态环境日趋恶化的根源（直接原因和深层原因）分析为基础，提出构建和完善河北省农村生态环境建设的环境政策和法规体系，通过建立有关农村和农业经济活动中污染者治理、受益者补偿的市场机制，建立综合运用财税、投资、信贷、价格等方面的政策措施和制度以及建立健全农村环境保护工作的组织管理体系和制度等，从而为加快经济发展方式转变，推动农村经济和整个国民经济的可持续发展发挥重要的政策支撑和制度保障作用。一是有助于加大农村环保投入和环保基础设施建设，提高广大农村居民环保意识，促进农村居民生活环境的改善；二是有利于农业产业结构调整，促进生态农业的发展，以实现对农业自然资源的循环利用，降低对环境的污染；三是有效制约和降低农业经济活动中的各种污染物的排放，从而降低环境污染和生态环境破坏的程度；四是有效促进和激发广大农村居民加强对沼气、太阳能等农村新能源的开发利用，实现节能减排的目标。

二、研究思路和研究方法

本书的研究思路是：从河北省农村生态环境的现状分析出发，通过对农村生态环境恶化的根源进行剖析，明确农村环境保护政策和制度的缺失、环境监管体制不健全、现行 GDP 政绩考核制度存在缺陷等是河北省农村生态环境恶化的深层原因；从遏制农村生态环境恶化和促使农村生态环境改善两方面的外部性"内部化"分析入手，综合运用环境经济学、生态经济学、可持续发展与循环经济等理论，对河北省推进农村生态环境建设的政策支撑体系开展研究。在此基础上，从河北省农村生态环境建设的总体目标和任务出发，对如何构建河北省农村生态环境建设的政策支撑体系开展研究，提出建立一套多层次的、综合行政命令、法律法规、经济手段和宣传教育等多方面的环境保护政策体系，为政府决策提供有价值的参考。

研究方法主要包括：

（1）规范分析方法。在环境政策的基础理论研究中，主要运用规范分析法，结合生态学、可持续发展理论和环境经济学等理论对农村生态环境破坏和农村环境保护行为进行深入、系统的分析和论证，进而提出从可持续发展目标出发，必须加强农村生态环境建设与保护。

（2）实证分析法。本书在研究中大量运用实证分析展开研究，如针对河北省农村环境污染和生态环境破坏的现状，通过调查和收集资料，运用大量的数据、案例资料等进行分析；运用层次分析法，通过建立相应的指标体系，对河北省农村生态环境现状进行总体评价。

（3）理论研究与实践相结合。由于本书选题理论性和实践性都很强，因此，研究中充分注重理论研究与实践相结合，在有关环境政策体系框架的研究中，通过结合国内外大量的环境政策实践案例进行分析，从中获得许多经验和启示，为河北省农村生态环境建设政策支撑体系的构建提供借鉴。

三、研究特点与创新之处

研究的创新性体现在以下三个方面：

一是研究内容方面。目前，国内学者针对农村环境保护和生态环境建设的政策和制度研究尽管很多，但多是从某一个方面、某一领域针对农村生态环境破坏的现象以及形成原因的一些初步分析，诸如环境监管不到位、农村环境政策和制度缺失等，而对如何建立一套适合农村环境保护和农业可持续发展的全面的、系统的政策和制度体系研究尚不多见。如袁华萍（2006）在《资源、环境与农业可持续发展的政策引导》一文中，从当前我国农业可持续发展面临的耕地面积减少、水资源严重短缺、农田污染严重等突出问题出发，阐述了政府应运用各种支农政策和资源、环境保护政策，引导农民自觉地把农业生产利益与环境利益、社会利益相协调，实现农业的可持续发展的必要性；李俊松（2008）的《新农村建设中生态建设的重要性及对策建议》，陈群元、宋玉祥的《我国新农村建设中的农村生态环境问题探析》等文章中，都对当前我国农村生态环境问题的原因进行了分析，认为农村生态环境监管不力与缺位，农村环保资金投入不足等是其重要原因之一；著名"三农"专家温铁军教授（2007）对新农村建设及农村的生态环境保护给予了充分的关注和深入研究，对我国政府及时转变执政理念给予了充分肯定，同时，也指出："全国70%人口的环保问题在农村，毫无疑问，农村环保是生态文明的重要内容，必须按照生态文明的要求，将农业发展转到现代农业、生态农业的方向上来。"

与此同时，当前全国各地围绕农村生态环境建设所出现的一些局面，如各地生态示范村、生态示范县的建设，以及各地政府大力推广的农村沼气工程等，很大程度上是在政府的一些"硬性指标"的约束下进行的，明显缺乏从"经济激励"的角度推动农村经济活动主体（农户和乡镇企业）自发行为的政策和制度。

基于此，本课题通过对农村生态环境建设的法律法规不健全，有关农村和农业经济活动中污染者治理、受益者补偿的激励机制缺失严重，环境管理和监督的普遍缺位等问题的认识和分析，围绕新农村建设中有关农村环境保护的政策和制度支撑问题开展较为全面、系统的研究，提出了以基础政策、核心政策和辅助政策为不同层次的、包括从建立法律法规到出台相关政策措施，从完善行政命令手段到综合运用财税、投资、信贷、价格等各种经济手段的多种形式和内容的环境政策体系框架，从而弥补了该研究领域的不足。

二是研究思路方面。从基于河北省农村生态环境建设的政策"需求"分析出发，重点从遏制农村生态环境恶化和促使农村生态环境改善两方面的外部性的"内部化"分析入手，对农村生态环境建设的政策"供给"进行研究，研究思路较为独特，具有一定的创新性。

三是研究方法方面。综合运用了规范分析法、实证分析法、比较分析法、定量分析与定性分析相结合等多种方法进行研究，特别是围绕农村环境现状以及农村居民对改善和保护环境的支付意愿调查，采用了发达国家广泛使用的意愿调查价值评估法（CVM 法）进行研究，而这在国内的研究中尚不多见，因此，研究方法的运用具有一定的创新性。

四、研究内容与结构

本书的研究内容共分十章，具体结构如下：

第一章，绪论。简要阐述了本书的研究背景和研究意义，并对本书的研究内容和结构安排进行了基本介绍；归纳和分析了本书研究成果的创新点和特色。

第二章，农村生态环境建设内涵及其相关理论。运用可持续发展理论、环境经济学理论、生态经济学以及循环经济等理论，对农村生态环境建设及其政策和制度构建所依据的理论基础进行分析和阐述，从而为后续分析研究的深入开展和政策体系构建提供理论支撑。

第三章，河北省农村生态环境现状与总体评价。由于河北省不同地区所处自然环境和地理位置的不同，其生态环境污染和破坏的状况在不同地区也表现出较明显的地域特征。本书的研究通过选取具有代表性的四类地区：坝上高原—张家口、东部沿海—唐山、西部山区—石家庄、南部平原—邯郸，在对其生态环境现状及其建设情况进行较为深入的调研的基础上，从河北省农村环境污染的一般特征（普遍性）和农村生态环境破坏的典型特征（特殊性）两个方面展开分析。

第四章，河北省农村生态环境恶化的原因分析。针对农村环境污染和生态环境恶化的现象，分别从直接原因和深层原因两方面展开分析。直接原因——从现有经济运行的表象及经济主体的行为对环境的直接影响和作用来分析污染的形成；深层原因——针对形成污染的直接原因进一步从制度、体制和政策等层面进行深入剖析。

第五章，河北省农村生态环境建设政策需求分析。通过对河北省不同地区农村生态基础条件进行有重点的调查研究，摸清现有的生态资源基础与生态环境现状，明确农村生态环境建设的目标和内容，以此为基础，对所需要的政策支撑进行分析。

第六章，河北省农村生态环境改善意愿调查分析。通过对河北省部分农村地区（邯郸、石家庄等）进行实地调查研究，了解目前农村的环境状况，并通过对村民的问卷调查了解农村居民对于环境污染的态度和对于保护和改善环境的意识及其支付意愿，从而为政府运用经济手段，制定农村环境保护的政策和制度提供一定的政策依据。

第七章，国内外农村生态环境保护政策实践与经验借鉴。自 20 世纪 90 年代以来，美国、日本和欧盟各国在农村环保领域的诸多政策措施和实践取得了显著成效。近年来，随着国内社会环境保护意识的提高以及全国各地对农村环境污染问题的日益重视，国务院各有关部委对防治农村环境污染在政策与资金方面给予了大力支持，各地也结合本地区的实际因地制宜地积极开展了农村环境污染的防治，积累了一些成功的经验。为此，研究和借鉴发达国家和国内其他地区有关农村环境保护政策的经验，对如何建立和完善河北省农村经济发展与生态环境保护相统一的环境政策体系具有一定借鉴作用。

第八章，河北省农村生态环境建设政策体系构建。在前述分析研究的基础上，构建河北省农村生态环境建设的政策与制度体系。主要包括三个层面：

第一层面：基础政策。主要包括命令控制型政策和相关的法律法规等。如针对防治水土流失，建立相关的保护森林、草原、耕地和水源等法律法规和制度；加强生态农业建设，促进农业循环经济发展的法律和政策等。

第二层面：核心政策。主要是指基于市场机制的有关农村和农业经济活动中污染者治理、受益者补偿的政策和制度规定，包括综合运用财税、投资、信贷、价格等方面的政策措施和制度安排。

第三层面：辅助政策。加强环境监管、建立健全农村环保组织管理体系（向农村基层的延伸）的政策和制度，信息披露政策，加强农民环保意识的宣传教育政策等。

第九章，基于市场化手段的农村生态环境建设核心政策。核心政策是充分运用市场机制实现对环境污染治理和环境保护行为的相关规定和措施，是对促进生态环境建设具有长效机制的政策和制度安排。作为本书重点探讨的政策和制度创新内容，独立成章加以讨论。本章按照外部性"内部化"的思想，重点体现"污染者治理、受益者补偿"的市场化原则，分别从环境税收制度、排污收费制度、生态补偿机制、排污权交易制度以及绿色金融制度等方面展开分析。

第十章，空气污染治理与河北省农村新能源发展制度创新。本章针对河北省近年来雾霾肆意横行，日益严重影响河北及周边城镇居民的经济和社会生活的现状，深入分析、阐述了除去工业污染的原因之外，农村居民对能源消费的现状已成为空气质量恶化的重要原因之一。据研究显示，当前，河北省农村能源消费以煤炭、电、液化气等商品能源为主体，其中燃煤占到总耗能的60%以上。而大多数的燃煤用于冬季取暖。由于河北省农村人口多、居住分散，原煤散烧现象严重，并且大多数炉具都没有安装除尘除硫装置，污染物直接排放，已成为大气污染的重要源头。因此，提出加强农村可再生能源建设，必须建立和完善河北省农村可再生能源发展的政策支撑体系。

第二章
农村生态环境建设内涵及其相关理论

一、农村与农村生态环境

1. 农村的含义及特征

农村，亦称乡村，是对应于城市的称谓。按照中国古文的解释，农：耕也，种也；村，聚落也。因此，从古文释义可以理解农村最初的概念为：以耕种谷物为主要生产活动内容的自然聚落，以农业产业（自然经济和第一产业）为主，包括各种农场、畜牧和水产养殖场、林场、园艺和蔬菜生产等。随着生产力水平的不断提高和经济社会的不断发展，农村经历了不断演化过程，现代意义上的农村相比于古代的农村，无论在生产方式、生活方式、产业结构、居住环境等方面均发生了显著变化，农村的概念有了更丰富的内涵。

目前，在中国对农村的概念有较多不同的解释：（1）以从事农业生产为主的农业人口居住的地区，是同城市相对应的区域，具有特定的自然景观和社会经济条件，也叫乡村。（2）农村，对应于城市的称谓，指农业区，有集镇、村落，以农业产业（自然经济和第一产业）为主，包括各种农场（包括畜牧和水产养殖场）、林场（林业生产区）、园艺和蔬菜生产等。跟人口集中的城镇比较，农村地区人口呈散落居住。在进入工业化社会之前，社会中大部分的人口居住在农村。（3）农村是由当地生产条件、居民生活方式、社会文化背景等因素交互作用而形成的生态空间。（4）对应于城市的称谓，指传统农村城市化过程中的一系列聚居、生活、生产的区域的形态类型体。[①]

上述有关"农村"概念的表述虽然不尽相同，但所体现的相对于"城市"特征而言的农村的基本特征是基本一致的。即农村与城市相比，其特点是：（1）人口稀少，居民点分散在农业生产的环境之中，生产方式与土地利用较为粗放，农业以土地为主的产业特征显著。（2）家族聚居的现象较为明显。在农村地区，由于人们的劳动对象是土地资源，需要足够的劳动力，需要共同生产和劳动，满足生活和生产的需要。一般其组织形式是以家庭为单位，每个家庭基本上是一个小族。有的村庄甚至是几代同堂。这在过去的中国很明显，直到今天，有些地方仍保持这种发展格局。（3）工业、商业、金融、文化、教育、卫生事业的发展水平较低，导致农村的生活方式较为单一，生活质量处于较低水平。由于农村人口少，各种高级需求不高，工业、商业、金融、文化、教育、卫生事业的发展水平较低，经济活力不够。（4）自然生态环境好，具有田园风光或乡村森林景观。拥有清新的空气是乡村的一大优势。由于村庄一般较分散，需要大量排放废气、废渣、废液的工业等部门较少，空气质量好。即使是人们对环境有所改变，但在有些生态环境很健全的村庄地区，由于力度不大或者利用范围不广，不会干破坏生态环境的自我恢复力。因此，总体而言，在进入大规模工业化之前，农村生态环境相对城市来说，具有显著优势。

随着经济的发展和农村生产力的不断提高，农村的产业结构发生了深刻变化，传统农村的基本特征也在逐渐转化。特别是中国的改革开放为农村经济带来了巨大活力，不仅广泛促进了农村地区的经济发展，而且对农民的生产和生活方式产生了深刻变化。一是生产方式及产业结构发生调整与变化。农村经济改革后，市场经济的大潮冲击着千百年来形成的以血缘为纽带、小农经济为根基的社会关系，传统的封闭的乡村社会向现代工业社会转变，田园农耕式村落社区的结构开始分化，形成了独特的工业、农业、商业、建筑、运输、服务业齐全的产业结构，以及特有的开放化的社区结构。二是生活方式发生改变。许多农村居民的生活水平得到很大提高，居住环境改善并变得

---

① 杨小波主编. 农业生态学［M］. 中国农业出版社，2008（12）.

相对集中。很多地区农民由原来的平房住进了楼房，大房子代替了小房子，大门落取代了小门落，由此带来了一系列水污染、垃圾污染等问题。三是大量的小城镇迅速涌现。在传统农业社会向现代工业社会的变迁中，小城镇作为一种介于城市社区与农村社区之间的特定社区在城镇化过程中发挥着不可替代的重要作用，对我国城乡社区的发展和城乡一体化具有重要的意义。然而，许多小城镇的发展是以乡镇企业的发展为支撑的，特别是一些水泥、皮革、造纸、燃料和化工等行业，在推动农村经济发展的同时也带来了严重的环境污染和生态恶化等问题。

2. 农村生态环境及其恶化

"生态环境"一词，是具有中国特色的术语。日前，虽然对于生态环境的定义还存在很大争议，但学术界对其的理解已基本达成共识，对这一术语的使用频率很高，似乎已经"约定俗成"。例如，我国现行《宪法》明确指出："国家保护和改善生活环境和生态环境，防治污染和其他公害"；我国现行《环境保护法》《水土保持法》《水污染防治法》《土地管理法》《海洋环境保护法》《大气污染防治法》《渔业法》《防沙治沙法》《水法》《农业法》《草原法》和《农村土地承包法》等 10 多部国家法律中也规定了要改善生态环境、保护生态环境、防止对生态环境造成破坏或防治生态环境污染等内容。此外，一些学术期刊也使用了这一词语，如《农村生态环境》（国家环境保护总局南京环境科学研究所主办，中国环境科学出版社出版）、《生态环境与保护》（中国人民大学书报资料中心编辑出版）、《资源生态环境网络研究动态》（中国科学院兰州文献情报中心）和《城乡生态环境》（成都市环境保护局、成都市环境科学学会、成都市环境保护科研所主办）等。"生态环境"这一汉语名词的使用广泛程度由此可见一斑。

生态环境就是"由生态关系组成的环境"的简称，是指与人类密切相关的，影响人类生活和生产活动的各种自然条件的总和，包括生物因子（动物、植物等）和非生物因子（空气、水分、光、土壤等）。正如沈国舫院士所指出："当人们乐于运用'生态环境'一词时，实际上在强调生物与环境相互关系的一面。"这实际上是在告诉我们：人们使用"生态环境"一词的本意是为了强调生态建设，其所要表达的真实含义相当于生态学中所说的"生态""生态系统"或"生态状况"①。

生态环境与自然环境在含义上十分相近，有时人们将其混用，但严格说来，生态环境并不等同于自然环境。自然环境的外延比较广，各种天然因素的总体都可以说是自然环境，但只有具有一定生态关系构成的系统整体才能称为生态环境。仅有非生物因素组成的整体，虽然可以称为自然环境，但并不能叫做生态环境。广义的生态环境包括自然环境和社会环境。

农村生态环境，是指以农村居民为中心，乡村范围内的各种自然环境与利用自然环境所创造的次生环境的总和，包括该区域内的大气、土壤、动植物、道路、交通、建筑物等②。它既包括农村自然环境也包括农村社会环境。一般意义上，构成农村自然环境的要素包括水体环境和土壤环境；构成农村社会环境的要素包括生物环境和农业环境。这些要素相互影响、彼此制约，只要其中的一个要素发生变化，都可能影响到农村生态环境这个大综合体。

农村生态环境作为一个由土地、自然环境、技术、政策、人等众多生态因子组成的复杂生态系统，其构成可以包括村庄院落生态子系统、农田生态子系统、森林生态子系统或草场生态子系统以及陆地水体生态子系统等组成的社会—经济—自然复合生态系统。但不是任何一个地区的农村生态系统都是由以上部分组成，不同地区将根据地形、地理环境等加以区别。与其他生态系统一样，农村生态系统的主要功能是维持系统内的能量流动和物质循环。但是，与自然生态系统的物质循环和能量流动基本在系统内部实现，系统具有较强的自我恢复和调节功能，基本是一个实现自我满足和自我维持的封闭系统所不同，农村生态系统是一种复杂的生态—经济结构，农村生态系统中的任何一种因子的变化都会影响原有的生态平衡。随着农村经济的发展，大量的农、畜产品作为商品输出到城市后，原先只存在于农村生态系统内部循环的许多物质养分脱离了原先的系统，单纯依靠自然能（太阳能、生物能）已无法满足系统的正常运转，从而使农村生态系统的物质循环的封闭性不断

---

① 沈国舫. 中国环境问题院士谈［M］. 中国纺织出版社，2001.
② 顶如松. 生态环境内涵的问题与思考［J］. 科技术语，2005（5）：28.

降低。人类在从事农业生产活动，满足人类自身对各种农作物需求的同时，也给农业生态系统的平衡造成了一定破坏。与此同时，尽管生态系统自身具有一定的恢复功能，环境作为废弃物的接纳场所具有一定的自净能力，可以通过各种各样的物理、化学、生物反应，使一些废弃物可以容纳、稀释、分解与转化进入自然循环过程，如有机物的分解、水循环等，从而为人类提供一个良好生态环境。但是，由于环境的自我净化能力不是无限的，在一定的条件下，环境接纳废弃物的能力——环境容量是有限的。当废弃物排放超越环境的承载能力时就会导致污染加剧，并进一步破坏生态系统的自我平衡能力，使生态环境发生恶化。2007 年无锡太湖爆发的蓝藻事件就是最有力的证明（见案例 2－1）。

案例 2－1 太湖—江南水乡的污染之痛

2007 年 5 月 30 日，由于太湖大面积蓝藻提前暴发，导致江苏省无锡市城区的大批市民家中自来水水质突然发生变化，并伴有难闻的气味，无法正常饮用，市民纷纷抢购纯净水和面包。无锡上百万人出现用水危机。实际上，从 2001 年起，太湖开始年年暴发大面积蓝藻，每年因污染造成的经济损失在 50 亿元左右。

太湖这块占全国不到 0.4% 面积的土地上，生活着超过全国 3% 的人口；2004 年，创造了占全国 13% 的 GDP 和 19% 的财政收入。但与此同时，太湖的污染十分严重，据调查资料显示，2005 年，太湖流域 2700 公里评价河长中，全年水质劣于三类的占到 89%，劣五类的达到 61%；太湖流域的纳污能力，如化学需氧量只有 54.7 万吨，而排进去 100 多万吨；氨氮是 3.7 万吨，排进去却有十几万吨，整个流域污染物的排放量远远超过了太湖的纳污能力，使太湖水污染严重，造成水质的富营养化。

尤为严重的是，环境污染的后果并非仅仅是自来水有味道以及风景区水发臭那么简单。无锡市疾病预防控制中心的一份资料表明，1991～2004年，无锡市区肝癌、胃癌、肺癌等主要恶性肿瘤的发病率、死亡率和在死因中的比例均呈现明显上升趋势。环境退化严重影响了人类的健康。不仅如此，太湖水的污染还在很大程度上影响了周围农业和渔业的发展。

——摘自《搜狐新闻：太湖蓝藻暴发致自来水污染》，搜狐网 http://news. sohu. com/20070531/n250319381. shtml.

3. 农村生态环境恶化

近年来，随着城市化进程的加快和工业化向农村的拓展，城市建设对土地的占用日益增多，不断增加的污染源对农村环境的影响日益加重，加之农村经济发展，农村生活方式的改变，大量的农村生活污水和生活垃圾乱排乱放，农村环境污染问题已日益突出，农村的生态环境出现恶化。

一是以农田生态系统为核心的农村土壤环境的恶化。由于农业生产中长期、大量使用农药、化肥、除草剂等化学制品，导致土壤污染严重，不少农田土壤层有害元素含量超标、板结硬化。据统计资料显示，2012 年我国化肥施用量 5838. 85 万吨[1]，居世界第一位，单位面积化肥施用量高达西方发达国家的 2 倍，但我国化肥利用率平均只有 30%～50%；同时，随着农作物害虫抗药性的增强，农民农药施用量也随之上升，农药使用量每年以 10% 的速度递增，2012 年已达 180. 6 万吨，是世界平均水平的 2. 5 倍，而喷洒的农药只有 1% 左右接触到目标害虫，绝大部分农药被留在土壤、水体、作物和大气中，这不仅造成巨大的经济损失，而且形成环境污染，对土壤、水、生物、大气及人体健康产生严重危害。目前，我国耕地污染面积 1. 5 亿亩，污水灌溉污染耕地 3250 万亩，固体废弃物堆存占地和毁田 200 万亩，三项合计近 2 亿亩，约占全国耕地面积的 10%；据估算，全国每年被重金属污染的粮食达 1200 万吨，造成的直接经济损失超过 200 亿元[2]。这些污染意味着农民赖以生

---

[1]　国家统计局. 2013 中国统计年鉴［M］. 中国统计出版社，2014 - 10.

[2]　搜狐新闻. 我国受污染耕地占耕地总面积 10% 以上. http://news. sohu. com/20070423/n249611432. shtml，2007 - 04 - 23.

存的"命根子"受到严重破坏。耕地污染使其转换财富的能力大大降低，土地资源的价值贬值，并导致后代农业的生产成本增加，直接损害了农民收入能力的提高。

二是农村面源污染导致农村水环境的恶化。与农村工业污染相比，农村的生产和生活所造成的面源污染已成为农村生态环境污染的主体。面源污染，也称非点源污染，是指溶解和固体的污染物从非特定地点，在降水或融雪的冲刷作用下，通过径流过程而汇入受纳水体（包括河流、湖泊、水库和海湾等）并引起有机污染、水体富营养化或有毒有害等其他形式的污染（陈吉宁，2004）。农村面源污染则是指在农业生产活动中，农田中的泥沙、营养盐、农药及其他污染物，在降水或灌溉过程中，通过农田地表径流、壤中流、农田排水和地下渗漏，进入水体而形成的污染。面源污染没有固定污染排放点，分布在广大的面积上，与点源污染相比，它具有很大的随机性、不稳定性和复杂性，受外界气候、水文条件的影响很大。这些污染物主要来源于农田施肥、农药、畜禽及水产养殖等，化肥中的氮素和磷素等营养物、农药以及其他有机或无机污染物，通过农田地表径流和农田渗漏形成地表和地下水环境污染。

面源污染自20世纪70年代被提出和证实以来，对水体污染所占比重随着对点源污染的大力治理呈上升趋势，而农业面源污染是面源污染的最主要组成部分，重视农业面源污染已成为国际大趋势。在美国，自从20世纪60年代以来，虽然点源污染逐步得到了控制，但是水体的质量并未因此而有所改善，人们逐渐意识到农业面源污染在水体富营养化中所起的作用。据美国1990年的评估调查报告显示，美国面源污染占总污染量的2/3，其中农业面源污染占面源污染总量的68%～83%，导致50%～70%的地面水体受污染或受影响。[①] 农业已经成为全美河流污染的第一污染源。

在中国，农业面源污染问题同样日益突出。由于传统生活方式的根深蒂固、公共环卫设施的严重不足、村镇环境管理缺位等原因，广大农村地区畜

---

① 回归"绿色"农业，面源污染要如何防治？．新华网 http://news.xinhuanet.com/politics/2015-04/17/c_127693880.htm.

禽粪便、秸秆等生产废弃物以及生活污水、垃圾等造成的水污染、大气污染、垃圾污染等问题十分突出，"脏、乱、差"现象非常严重，生态威胁与日俱增，农民的居住环境十分恶劣。"雨天一腿泥、晴天一身灰、宅旁臭水沟、垃圾满地堆"成为一些农村环境现状的真实写照。据环境保护部生态司提供的一组数据显示：目前，我国农村仍有近 3 亿人喝不上干净的水；全国农村每年产生生活污水 80 多亿吨，生活垃圾约 1.2 亿吨，大部分得不到有效处理；全国猪、牛、鸡三大类畜禽粪便总排放量达 27 亿多吨，其 COD 排放量是工业和生活污水 COD 排放量的 5 倍以上[①]。另据第一次全国污染源普查结果显示：农业源污染物排放对中国水环境的影响较大。在农业源污染物排放中，化学需氧量排放量为 1324.09 万吨，占全部化学需氧量排放总量的 43.7%。农业源也是总氮、总磷排放的主要来源，其排放量分别为 270.46 万吨和 28.47 万吨，分别占排放总量的 57.2% 和 67.4%。从这次普查的结果看，在农业源污染中，比较突出的是畜禽养殖业污染问题，畜禽养殖业的化学需氧量、总氮和总磷排放分别占农业源的 96%、38% 和 56%[②]。要从根本上解决中国的水污染问题，必须把农业面源污染防治纳入环境保护的重要议程。

二是不合理的开发导致草原、森林、湖泊等生态系统功能降低，生态环境遭到破坏。长期以来，由于人们只把森林看作是生产木材的场所，对森林在生态环境中所起的重要作用缺乏认识，导致对森林的滥伐和破坏，消耗量大于生长量，全国每年减少森林资源约 1 亿立方米。[③] 由于植被破坏严重，土地沙漠化正在加速扩展。据中国国家林业局公布的资料，截至 2009 年底，中国沙漠化土地达到 173.11 万平方公里，占国土面积的 18% 以上，而且呈迅速扩展之势。据动态观测，20 世纪 70 年代，我国土地沙化扩展速度为每年 1560 平方公里，80 年代为 2100 平方公里，90 年代达 2460 平方公里，21 世纪

① 环保部. 新农村需要良好环境——环境保护部全国乡镇领导干部培训侧记. http://rss. mep. gov. cn/rlzy/gbpx/200906/t20090601_152161. htm, 2009 – 06 – 01.

② 国家统计局. 第一次全国污染源普查公报. http://www. stats. gov. cn/tjgb/qttjgb/qgqttjgb/t20100211_402621161. htm, 2010 – 02 – 11.

③ 张维庆. 中国可持续发展的思考 [J]. 中国政协, 2008 (11).

初达到3436平方公里，相当于每年损失一个中等县的土地面积[①]。草原退化和植被破坏导致沙尘暴频发，掩埋农田，毁坏交通和通信设施，造成环境严重破坏和巨大的经济损失。由于生态环境遭到破坏，威胁生物多样性，许多珍稀物种失去了生存空间，严重破坏了生态平衡，制约了经济社会的可持续发展。

农村经济的快速发展和人口膨胀加剧了对资源的耗竭程度，也对生态系统产生了严重破坏，从而导致农村经济发展的可持续性受到制约。如何正确认识和处理好二者的关系，是实现农村经济社会良性发展的根本。

二、农村生态环境建设

1. 农村生态环境建设的必要性

农村生态环境建设是针对我国经济发展过程中所面临的资源环境压力加大、环境污染严重、生态系统退化以及生态灾难等多方面的问题而提出的。党中央、国务院高度重视生态环境保护工作，先后印发了《全国生态环境建设规划》（1999）、《全国生态环境保护纲要》和《国务院关于落实科学发展观加强环境保护的决定》，把加强生态保护和建设作为实施可持续发展战略、构建社会主义和谐社会的重要内容。2007年党的十七大进一步提出，"建设生态环境，基本形成节约能源和保护生态环境的产业结构、增长方式、消费模式"；2008年初，国务院办公厅下发了《关于加强农村环境保护工作的意见》，并于2008年7月24日召开了第一次全国农村环境保护工作会议，要求各级环保部门积极参与综合决策，加强自然生态和农村环境保护监管。2013年，党的十八届三中全会上《中共中央关于全面深化改革若干重大问题的决定》中再次明确提出，"建设生态环境，必须建立系统完整的生态环境制度体系，实行最严格的源头保护制度、损害赔偿制度、责任追究制度，完善环境治理和生态修复制度，用制度保护生态环境"。由此可见，在新时期的经济发

---

① 中国科学院新闻. 沙漠化治理与研究国际培训班在兰州开班. http：//www. cas. cn/xw/yxdt/200809/t20080916_986681. shtml，2008 – 09 – 16.

展过程中加强农村生态环境建设显得尤为重要。

首先,加强农村生态环境建设是经济社会可持续发展的需要。农村生态环境建设是关系中华民族生存和长远发展的根本大计。广大农村是淡水、耕地、林地、草原、生物等自然资源的最大腹地,是承载人口的主要场所,是实现经济可持续发展的重要环境依托。中国的工业化进程起步较晚,在改革开放以后快速推进,已逐步形成具有相当规模的庞大工业体系,部分发达地区甚至已进入后工业化阶段。但中国的工业化发展是以自然资源的过度消耗、环境恶化为代价的,日益严重的生态环境危机使得传统的工业化发展面临巨大挑战。因此,加强农村生态环境治理,实施对水、土、草原等生态系统的修复和保护,严格控制污染,不断提升生态环境质量,实现自然资源的有效调配及可持续,是保证经济持续发展、社会经济水平不断提高的重要支撑和保障,同时也是建设小康社会非常关键的基础。

其次,推进农村生态环境建设是新农村建设的需要。农村生态环境建设直接关系到社会主义新农村建设事业的发展,决定着新农村建设的成败。我国新农村建设的重要使命就是通过人与自然的和谐和现代农业的发展来增加农民收入,提高广大农民的生活质量和健康水平,实现农业和农村经济的可持续发展,为农村政治民主和社会文明奠定一个坚实的物质基础。然而,这些目标的实现都离不开农村生态环境状况的根本性好转,离不开生态环境建设的全面推进。一方面,人与自然和谐目标的实现需要生态环境建设的全面推进。现代农业的发展及其农民收入的持续增长也需要建立在生态环境建设这个坚实的物质基础上。现代农业实际上就是一种以现代科学技术为基础的高产、优质、高效、生态型农业,这种现代农业的发展本身就离不开生态环境的改良,离不开生态环境建设这个坚实的物质基础。另一方面,农民收入的持续增长必须依靠现代农业的发展,依靠劳动生产率和土地产出率的稳步提高,依靠农产品品质的提升及其国内外市场的开拓,然而,这一切都离不开污染的消除、土壤的改良、药残肥残的遏制及其自然灾害的预防,离不开生态环境建设这个坚实的物质基础。

最后,农村生态环境建设是统筹城乡发展的重要载体。农村生态环境建设不仅关系到农村的发展,也直接关系到城市和全社会的发展。农业具有生态功能，农业生态环境的恶化，直接影响到了城乡居民的健康、生活质量的提高和经济社会的可持续发展，不保护农村生态，最终受伤害的不仅仅是农民，更是全社会所有成员。就城市的建设和发展来看，城市是一个高度开放的生态系统，和周边生态系统具有高度的相互依赖性。因此，城市建设必须融入区域之中，重视区域协调和协作，做到统筹城乡的发展，将农村的生态建设作为城市建设的着力点，将城乡区域作为整体，实现资源的节约、合理和循环利用，以实现城乡生态环境协调发展。

2. 农村生态环境建设的内涵

搞好农村生态环境建设，首先要充分理解其内涵。"生态环境建设"是对遭到破坏的生态环境进行恢复和重建，其实质是指生态环境的保育（conservation）。"保育"一词在国内外的百科全书与词典中，是指保护（protection）、改良（improvement）与合理利用（rational use or wisely use）。因此，生态环境建设是指水、土、气、生等自然资源（或再生自然资源）的保护、改良（改善）与合理利用。在这里，保护是指防止生态环境的破坏和污染，改善是指已经退化的生态环境的恢复和重建，合理利用是要求寓生态环境的保护与改善于自然资源的可持续利用之中。[①]

针对我国农村生态环境日益恶化的现状，从当前农村环境保护迫切和突出需要解决的问题出发，并结合农村生态环境作为一个由农村人居生态环境、农业生态环境、水流域生态环境构成的社会—经济—自然复合生态系统的特性，农村生态环境建设的内涵应包括农村生活环境治理、生产环境治理及生态环境治理的"三位一体"的治理体系。具体来说，其内容包括：

（1）广泛开展农村环境的综合整治工作。

减少工农业废弃物和农业活动带来的环境污染问题，如生活垃圾和生活污水的污染，规模化畜禽养殖场的废水污染，农药、化肥、地膜和农业径流污染等。主要包括：通过建设水源保护区、实施应急保障等措施，着力解决农村饮用水污染问题；通过采取农田氮磷流失拦截、化肥减施、农药减施替代等措施，减少农田污染；通过完善以农户为主体的小规模畜禽养殖污染防

---

① 王礼先. 生态环境建设的内涵与配置［J］. 资源科学，2004（8）：26－27.

治措施，实行综合利用，着力解决畜禽养殖污染问题；通过因地制宜地建设集中与分散相结合的水污染治理设施，采取垃圾收集、运转等措施，着力解决突出的生活污水和垃圾污染问题；加大环境执法力度，加强环境监督管理，狠抓农村工矿企业污染治理，完善污染防治设施，使企业做到稳定达标排放，不能达标排放的企业一律限期治理、限产限排直至关闭。

（2）发展生态农业，通过农业资源的循环利用，实现农业和农村经济的可持续发展。

生态农业是以生态理论为基础，因地制宜地在某一区域建立的农业生态系统。通过建立集约化畜禽养殖和生态农业的"种养平衡区域一体化"发展模式，既可以实现对已有污染物的综合利用，也避免化肥、农药可能造成的污染。生态农业既不同于传统的封建庄园式农业，又有别于大规模集约化经营的"石油农业"。它的理论基础是不断提高太阳能转化为生物能的效率和氢气资源转化为蛋白质的效率，加速系统的能量流动和促进物质在生态系统中的再循环过程，使其达到最理想的指标。这种农业发展模式吸取了传统农业与现代化农业的精华，通过合理配置农业生产结构，在不断提高生产率的同时，保障生物与环境的协调发展，实现农村生态环境与农业经济发展的和谐。

（3）加强生态保护区建设。

改善因不合理开发、利用自然资源而导致的大面积生态破坏状况，如砍伐森林、过度放牧等造成的水土流失、土地沙漠化等问题。通过开展植树造林、退耕还林（还草）、退牧禁牧等措施，对重点生态保护区进行恢复和重建，以改善植被和土壤状况，启动生态系统的自我修复能力。以河北省为例，根据《河北省生态省建设规划纲要》，应重点加强"重要水源保护区""京津生态屏障建设区""水土保持区"等重点生态保护区的建设，通过生物措施和工程措施，加大现有林草植被的保护力度；实行封山育林育草和操场轮牧制度，建设坝上防风固沙林带、太行山燕山水土保持林带、沿海防护林与湿地保护带三大生态防护带，基本形成京津冀生态保护骨干网络；重点加大"荒山、荒滩、荒坡、荒沟"四荒治理开发力度，加快太行山、燕山、永定河、潮白河、滦河的小流域治理，坚持乔、灌、草结合造林种草，强化水土流失的预防监督管理。

（4）推动农村新能源建设。

针对农村地区基础设施薄弱，人居环境脏、乱、差现象仍然突出的问题，应加快推动农村新能源建设，充分运用可再生能源的新技术，提高生活污水、生活垃圾、人畜粪便、作物秸秆等农村废弃物的无害化处理与资源化利用率，减少农村和农业废弃物排放，减少农药、化肥的施用量，为广大农村居民提供清洁能源，摆脱烟熏火燎，实现"家园清洁、田园清洁、能源清洁"，从而实现从源头上治理农村"脏、乱、差"，改善农村生态环境，推进农村生态文明建设。

二、农村生态环境建设的理论基础

1. 生态学理论

生态学是关于生物有机体与其外部世界，也即广义的生存条件间相互关系的科学。作为一门科学，最早是由德国生物学家恩斯特·海克尔于1866年提出。海克尔对生态学的定义是：生态学是研究生物体与其周围环境（包括非生物环境和生物环境）相互关系的科学。这里的环境包括生物环境和非生物环境，生物环境是指生物物种之间和物种内部各个体之间的关系，非生物环境包括自然环境：土壤、岩石、水、空气、温度、湿度等。

对生态学的发展影响深刻的是"生态系统"，这一概念是由英国生态学家坦斯利（Tansley）于1935年首先提出的。他把物理学上的系统整体性概念引入生态学，认为生态系统是"生物与环境之间形成的一个不可分割的相互关联和影响的整体"。由此，生态学成为一门有自己的研究对象、任务和方法的比较完整和独立的学科。近年来，生态学已经创立了自己独立研究的理论主体，即从生物个体与环境直接影响的小环境到生态系统不同层级的有机体与环境关系的理论，促进了生态学理论的发展。如今，由于与人类生存与发展的紧密相关而产生了多个生态学的研究热点，如生物多样性的研究、全球气候变化的研究、受损生态系统的恢复与重建研究、可持续发展研究等。

生态学研究中所关注的生态系统是一个具有自我调节功能的动态系统。

当生态系统的结构和功能处于相对稳定的时候，生物之间、生物和环境之间高度适应相互协调，种群结构与数量比例稳定，能量和物质输入输出大致相等，这种状态就是生态平衡。当外来干扰在一定限度以内，通过生态系统的反馈机制，经过系统自我调节后可恢复到原初稳定状态。这是生态系统的自我调节功能。当外来干扰超过系统自我调节能力时，系统不能恢复到原初状态，此时即生态平衡的破坏。

人类社会是"社会＋经济＋自然"的复合生态系统。由于世界上的生态系统大都受人类活动的影响，社会经济生产系统与生态系统相互交织，实际形成了庞大的复合系统。随着社会经济和现代工业化的高速发展，自然资源、人口、粮食和环境等一系列影响社会生产和生活的问题日益突出。人类经济活动与资源、环境矛盾产生的实质，就是由于自然生态系统中各个组成部分之间关系的失调，人类生态环境的恶化就在于复合生态系统的自我调节功能丧失。当人类认识和掌握生态系统的特性并运用积极方式实行管理，就能防止系统的逆向演化，维持人类社会的复合生态系统平衡或创造出具有更好的生态效益与经济效益的新系统，从而建立起新的生态平衡。

依据上述生态系统与生态平衡的理论，农村生态环境建设必须坚持生态理论为指导，以农村自然、农村社会以及农业生产与人的和谐统一为主题，在农村生活与生产的过程中，通过生态聚集区的建设和发展农业循环经济，实现土地、水和能源的可持续开发利用和农村经济社会的可持续发展。

2. 可持续发展理论

18世纪的工业文明带来了人类社会生产力的高速发展，使人类从自然界的索取中更大限度地满足了自身需求。与此同时，随着人口的不断增长，人类的经济活动对资源环境产生的影响越来越大，世界性粮食危机、不可再生资源的枯竭、环境污染、生态破坏等问题严重制约了社会经济的发展。

从20世纪40年代起，人们开始大量生产和使用DDT等剧毒杀虫剂以提高粮食产量。而这些化学物质的使用在带来粮食产量空前提高的同时，也对环境和人类造成了巨大损害。1962年美国著名生物学家、科普作家蕾切尔·卡逊发表了一本名为《寂静的春天》的惊世之作，书中她用大量事实证明和揭示了由于人们对剧毒农药的滥用，已对自然生态系统产生了极大影响，并呼吁人类要爱护自己的生存环境，要对自己的行动负责，要具有理性的思维能力并且与自然界和睦共处。这本书引发了人们对经济发展与环境保护的关注与思考，被后人誉为"绿色圣经"。

伴随着西方国家工业化的快速发展，工业"三废"污染问题日渐突出，"八大公害"事件给人类的生产和生活造成了严重损失，人们开始重新审视以经济为中心的发展观。1972 年，以美国麻省理工学院教授丹尼斯·米都斯等为首的罗马俱乐部发表了著名的《增长的极限》的报告。该报告从第二次世界大战以来世界人口激增、工业化迅速发展、生产消耗和生活消费空前增加这些事实出发，把全球性问题归结为人口、粮食、工业增长、环境污染、不可再生资源的消耗五个方面，分析提出如果继续按照当时的增长速度继续下去，用不了 100 年，地球上的大部分天然资源就会枯竭，污染将超过人类所能忍受的限度，耕地大量减少，人类可能遭到毁灭。报告首次提出了"持续增长"和"合理的持久的均衡发展"概念，对可持续发展理论的提出与形成做出不小的贡献。1972 年，联合国在瑞典首都斯德哥尔摩召开了世界环境大会，提出了"合乎环境要求的发展""无破坏情况下的发展""连续的或持续的发展"等关于发展的概念。在以后的有关会议和文件中，逐渐选定了"可持续发展"的提法。按照布伦特兰夫人的定义，可持续发展是"既满足当代人的需求，又不对后代人满足其需求的能力构成危害的发展"①。该定义提出后，得到世界各国政府组织和舆论的极大重视和广泛接受，并在 1992 年联合国环境大会上受到全世界不同经济水平和不同文化背景国家的普遍认同，被各国广泛采用。

可持续发展包括四个方面的基本内涵：（1）以"发展"为核心。可持续发展的最终目标是不断满足人类社会的全面需要，而只有发展才能满足人类的需要，才有能力保护自然。可持续发展强调经济发展、社会发展和生态发展的统一。（2）以"协调"为目标。可持续发展强调人与自然的协调、人与人的协调，协调是可持续发展产生的初衷，也是其追求的目标。（3）以"公平"为关键。可持续发展的关键问题是资源分配问题。即资源如何在当代人

---

① 世界环境与发展委员会［J］. 我们共同的未来，1988.

之间分配——实现代内公平和如何在代际间分配——实现代际公平，追求公平是可持续发展的主旨。（4）以"限制"为手段。相对于人类的无限需求而言，各种自然资源的数量和自然环境的容量都是有限的，一旦人类活动突破生态阈值，就会危害环境、破坏人类生存的物质基础，发展本身也就衰退了。因此，必须将人类的活动限制在生态可能的范围之内，以保护和加强环境系统的生产和更新能力。限制是可持续发展的重要调控手段。

就农村而言，生态环境的恶化导致环境的生态服务功能不断降低，自然资本存量持续减少，而超过环境容量的环境损害是不可逆的，其自然资本的减少也是不可替代的，因此，从可持续发展的要求和目标出发，加强农村生态环境建设，是实现经济社会可持续发展的必然选择。新农村建设的主要使命就是通过人与自然的和谐和现代农业的发展来增加农民收入，提高广大农民的生活质量和健康水平，实现农业和农村经济的可持续发展，为农村政治民主和社会文明奠定一个坚实的物质基础。然而，这些目标的实现都离不开农村生态环境状况的根本性好转，离不开生态环境建设的全面推进。可以说，生态环境建设的推进，是农业和农村经济可持续发展的客观要求，是新农村建设的重中之重。

3. 环境经济学理论

环境经济学是伴随着对环境问题及其解决途径的研究而诞生和发展起来的。

（1）外部性理论。

外部性理论是环境经济学中最为重要的核心理论，它揭示了市场经济活动中一些资源配置低效率的根源，同时为解决环境问题提供了可供选择的思路或框架。

外部性是指在没有市场交换的情况下，一个厂商的生产行为（或消费者的消费行为）对其他厂商（或消费者）的生产过程（或生活标准）产生的影响[①]。

按照外部性的定义，可以根据外部性产生的领域不同，分为消费的外部

---

① 马中. 环境与自然资源经济学概论 ［M］. 高等教育出版社，2006.

性和生产的外部性。如私人轿车的购买和使用，为使用者带来了交通的便利，但是汽车运行中会产生噪音和大量的汽车尾气，从而给他人带来空气污染，使其福利或效用受到损害，即为消费的负外部性。而位于一条河上游的造纸厂向河水里排污，会对位于下游的自来水厂的取水口造成污染，使自来水厂既增加了处理成本，还降低了供水水质，则为生产的负外部性。

根据外部性对受影响者的效应来看，外部性可分为正外部性（外部经济）和负外部性（外部不经济）。正外部性（外部经济）是指某人的经济活动会为他人带来经济资源、福利水平或效用满足的提升，并比较难以收费。如在农村经济活动中，养蜂人与果农之间相互带来的好处便是一个典型的例证。负外部性（外部不经济）是指某人的活动无意地、较难避免地导致他人的经济资源、福利水平或效用满足受损。如上述的造纸厂对下游自来水厂以及整个社会都产生的环境污染，即为典型的环境负外部性。环境负外部性，即是指对环境造成损害的水污染、空气污染、生态破坏等外部性问题。

对农村环境污染而言，污染的发生和对农村环境的保护则是负外部性和正外部性问题。例如，在农业生产中，农户大量使用化肥、农药造成的空气和水体污染，对消费这些空气和水的人们而言，就是负的外部性；而更多地种植经济林木，种植者既可从树木中得到木材与果实的收益，同时也为邻近的农田、村庄提供防风、防沙等益处，使周围的居民可以不付费就享受到林木茂盛、虫鸣鸟叫的自然美景，呼吸到更加清新的空气，则属于环境保护的正外部性的表现。

从农村经济活动中产生的负外部性来看，表现为污染者使用环境资源的边际私人成本与边际社会成本之差。以农业生产为例，大量施用化肥和高毒性农药，会造成土壤板结并污染地下水源；畜禽养殖的废弃物任意排放同样会污染农村居民的生活环境，造成空气和水质的污染。这些环境损害是农户生产决策之外的成本，均未计入农户的私人生产成本，表现为环境成本，私人成本和环境成本之和构成社会总成本。在农业污染存在负外部性的情况下，由于污染个体不用承担生产造成的负外部性这一成本，因此会尽可能多地利用资源生产过多负外部性的私人产品，从而导致市场失灵——资源配置无效率。

从农村环境保护和污染的防治来看，表现为减少污染的行为者所获得的边际私人收益小于边际社会收益。以经济林木的种植为例，植树造林所带来的一些防风、防沙、水土保持的作用，提供清新空气、调节气候等好处，均为种植活动产生的外部环境收益，这些收益没有计入生产者的私人收益，而是构成社会收益的一部分。社会收益等于私人收益和环境收益之和。因此，植树造林的正外部性表现为边际社会收益大于边际私人收益，差额是外部环境收益。

庇古（Pigou）于1920年提出了实现环境外部影响"内部化"的解决方法，即"庇古税"。庇古认为，对于外部性问题，依靠自由竞争是不可能达到社会福利最大化的，必须依靠政府干预，通过政府采取适当的经济政策，消除外部性。其基本思想为：对于正的外部性应予以补贴，以补偿外部经济生产者的成本和这种生产的利润，鼓励外部经济的生产与供给，提高社会福利水平；对于负的外部性予以征税或罚款，使外部不经济的生产者的私人成本等于社会成本，抑制不经济的供给。"庇古税"的思想为解决环境问题提供了很好的政策依据，许多发达国家政府普遍采取了征收环境税和排污收费制度来治理环境污染问题，取得了显著效果。

（2）公共物品与共有资源理论。

公共物品（public goods）是与私人物品（private goods）相对应的。私人物品，是指那些具有消费的竞争性和排他性，能够通过市场交易达到资源优化配置的产品；公共物品则是指消费时具有非竞争性和非排他性，不能依靠市场机制实现有效配置的产品；而共有资源是一种具有竞争性、不具有排他性的公共物品。即任何一个人的使用会减少其他人对它的享用，但任何一个想使用公（共）有资源的人都可以免费使用。

农村环境污染与生态环境建设，具有显著的公共物品或共有资源属性，具体表现在农村的生态环境容量和环境资源所具有的公共物品或共有资源特性。一是农村环境污染与生态环境建设在产权上不具有明确特征。整个农村生态环境资源是典型的社会共用品，按照传统经济理论，政府是公共利益代表者的假定，农村生态环境资源的理所当然的利益代表者是政府。由于农村生态环境具有占据空间的广大性、形态的连续性和边界的模糊性等特点，使其在形体上难以跟土地一样分割并分配给农户，或者说分割、分配的成本太高以至于事实上不可能实现分割、分配。事实上农村生态环境容量的总量界定是不太可能的事情，因此将污染排放的容量资源进行分割、分配以界定产权也是不可能的，从而难以落实农业环境的真正所有者和农业污染及其防控的真正责任者，导致没有人真正为农业污染及其防控负责。

二是农村生态环境容量的使用和消费是非排他性的，即实施农村环境污染和对农村生态环境进行保护均具有非排他性。如果一种物品被提供之后，没有其他消费者或生产者可以被排除在消费该物品的过程之外，或者为要排除某人消费该物品而需付出的代价是无穷大的，则该物品具有非排他性。就农村环境污染而言，某农户通过使用化肥、农药和不当处置牲畜粪肥等对农村环境的污染，并不妨碍其他农户的污染行为；也就是说，某农户对农村环境纳污容量的使用和消费并不能自动地排斥他人对同种功能的消费，即农户间的污染行为不是互相自动排斥的。同样，某农户实施有利于实现农村环境保护的生产模式，也并不妨碍其他农户采纳类似有益于环境保护和改善的污染防控措施。

三是农村环境污染及其环境保护具有非竞争性。所谓非竞争性是指一种产品一旦被提供，其他人消费或利用该产品的额外资源成本为零；即某人对某一物品的使用或消费不会减少其他人对该物品的使用和消费。以农业生产为例，农户 A 施用化肥、农药污染了环境，并不能因此导致 B 使用化肥、农药的成本上升；或者因为 A 已经污染了环境，所以 B 不能再对环境造成污染或者 B 污染物排放量必须减少。因此，农户污染行为对农村环境纳污容量使用的非竞争性，会导致农户根据自己的生产经营情况和自己的意愿不受限制地排放污染物和消费农村环境资源，以追逐实现自己利益最大化。同样，农村的环境保护行为也存在非竞争性。例如，一种情况是，农户 A 为改善环境质量而实施的污染防控措施如减少农药、化肥施用量等，农户 B 也可以采用这类污染防控措施而不用支付额外的成本；另一种情况是，A 采取措施改善了环境质量如使空气质量和水质得到了提高，B 却并未采取污染防控措施甚至继续污染环境，但 B 却可以不用付出额外成本而消费和享用因 A 努力而提高的空气质量。可见，农村的环境保护及其污染治理实际上反映的农村环境容量的公共物品属性，会导致低效过量的环境资源消耗和对农村环境保护的较少投入。农村环境容量的开放性和产权模糊，导致具有该资源使用权和便利的人们意识到他们不消费的话，该环境容量将被别人消费殆尽。因此，每个人都有追求消费农村资源环境的动机和动力，同时却不热心采用那些虽然有利于环境保护但收益不为自己独自占有或获得一定补偿的生产模式。

针对上述公共物品和共有资源导致的环境资源配置市场失灵问题，环境经济学家提出解决问题的思路，一是政府干预，通过政府管制和征税的手段加以控制；二是明晰产权，将共有资源变为私人物品。这些思想在实践中已得到很好的运用。

（3）科斯的产权理论。

1991 年诺贝尔经济学奖得主科斯（Coase）是现代产权理论的奠基者和主要代表，被西方经济学家认为是产权理论的创始人，他一生所致力考察的不是经济运行过程本身（这是正统微观经济学所研究的核心问题），而是经济运行背后的财产权利结构，即运行的制度基础。他的产权理论发端于对制度含义的界定，通过对产权的定义，对由此产生的成本及收益的论述，从法律和经济的双重角度阐明了产权理论的基本内涵。

没有产权的社会是一个效率绝对低下、资源配置绝对无效的社会。能够保证经济高效率的产权应该具有以下特征：①明确性，即它是一个包括财产所有者的各种权利及对限制和破坏这些权利时的处罚的完整体系；②专有性，它使因一种行为而产生的所有报酬和损失都可以直接与有权采取这一行动的人相联系；③可转让性，这些权利可以被引到最有价值的用途上去。

清晰的产权可以有效解决外部性问题。科斯（Coase）认为，外部性往往不是一方侵害另一方的单向问题，而具有相互性。科斯的研究表明，外部性问题的实质在于双方产权界定不清，要解决外部性问题，必须明确产权，即确定人们是否有利用自己的财产采取某种行动并造成相应后果的权利。

对于外部性导致的环境资源配置市场失灵问题，科斯认为，在交易费用为零的条件下，只要产权明确，则无论最初的产权如何分配，当事人通过（自愿协商）交易总能达到帕累托最优，外部性也就可以消除。换言之，在交易费用为零的情况下，产权的初始界定并不影响资源配置的总体效率（Coase，1960）。科斯通过关于排放废气的工厂与周围居民的案例讨论，清晰地对其理论进行了阐释。工厂排放的废气给居民造成了损害，如果产权是清晰的，这一问题可以通过工厂与居民间的谈判解决。在工厂拥有排污权的情况下，居民要免受或少受废气的干扰，可以给工厂以"贿赂"，使工厂减少排污。工厂从居民那里得到的钱应不少于因减污导致的利润的下降。反过来，如果居民拥有不受污染权，这时工厂面临的选择或者是通过削减产量或治理污染将排放水平降到居民愿意接受的水平，或者给居民以经济补偿。从而无论环境产权属于哪一方，只要产权的归属是明晰的，均可以最终稳定在排污的边际成本与边际收益交点上。

但是，在交易费用大于零的世界里，不同的权利界定，会带来不同效率的资源配置。这是科斯第二定理所阐述的核心。所谓交易费用（transaction costs），是指交易中获取信息、互相合作、讨价还价达成契约和保证契约执行的费用。对于真实世界而言，科斯第一定理所强调的"零交易费用"的假设往往是不成立的，而且在一个不发达的市场中，人们还可能面临相当高的交易费用。交易费用的存在，使得权利的初始分配结构有可能影响最终的效率结果，而且交易费用越大，初始产权分配对最终效率的影响就越大。因此，科斯在研究中进一步指出，在交易费用不为零的情况下，解决外部性"内部化"问题要通过各种政策手段的成本—收益的权衡比较才能确定。

科斯产权理论的核心是：一切经济交往活动的前提是制度安排，这种制度实质上是一种人们之间行使一定行为的权力。因此，经济分析的首要任务是界定产权，明确规定当事人可以做什么，然后通过权利的交易达到社会总产品的最大化。因此完善产权制度，对人口、资源、环境和经济协调与持续发展具有极其重要的意义。

20世纪70年代，随着发达国家环境问题的日益加剧，市场经济国家开始积极探索实现外部性"内部化"的具体途径，科斯的产权理论随之被运用实践中。在环境保护领域，排污权交易制度就是科斯产权理论的一个具体运用。

排污权交易政策作为解决环境资源利用中的外部性的方案，是由美国的环境经济学家戴尔斯（Dales）于20世纪60年代末提出的。1968年，戴尔斯在他所著的《污染、财富和价格》一书中最早提出排污权交易的概念，戴尔斯提出，将满足环境标准的允许污染物排放量作为许可份额，并准许排污者之间的相互有偿交易。20世纪70年代开始，美国联邦环保局（EPA）将排污权交易应用于大气以及河流污染源的管理，并成功地开展了排污权交易的实践，取得了很好的环境效果和巨大的经济效益，为其他各国开展排污权交易提供了经验借鉴。排污权交易体系的具体做法是：环境保护当局根据环境净化能力和阈值浓度，计算出该地区允许的污染物排放总量。在确定排污许可总额后，将其分解，分配给各排污单位。政府允许各单位进行许可额的自由交易。每个单位可以将所分配的许可额留作自用，也可以在市场上卖掉；如果排放污染的厂商购买部分许可比自己控制更合算，厂商将选择购买而不是自己减少排污。这样，就会促使谋求污染控制成本最小化的厂商权衡自身的控制成本、购买许可额的花费以及出让许可额的收益，以实现全社会的污染控制成本达到最低，从而缓和环境保护与经济增长之间的矛盾。

4. 循环经济理论

（1）循环经济及其内涵。

循环经济（circular economy）是一种建立在资源回收和循环再利用基础上的经济发展模式。其原则是实现资源使用的减量化、再利用、资源化和再循环。其生产的基本特征是低消耗、低排放、高效率。循环经济的思想萌芽诞生于20世纪60年代的美国，首先由美国经济学K. 波尔丁提出，主要指在人、自然资源和科学技术的大系统内，在资源投入、企业生产、产品消费及其废弃的全过程中，把传统的依赖资源消耗的线形增长经济，转变为依靠生态型资源循环来发展的经济。其"宇宙飞船经济理论"可以作为循环经济的早期代表。

我国从20世纪90年代起引入了关于循环经济的思想。此后学术界对于循环经济的理论研究和实践不断深入。许多学者在研究过程中从资源综合利用的角度、环境保护的角度、技术范式的角度、经济形态和增长方式的角度、广义和狭义的角度等不同角度对其作了多种界定。当前，社会上普遍推行的是国家发改委对其的定义："循环经济是一种以资源的高效利用和循环利用为核心，以'减量化、再利用、资源化'为原则，以低消耗、低排放、高效率为基本特征，符合可持续发展理念的经济增长模式，是对'大量生产、大量消费、大量废弃'的传统增长模式的根本变革。"这一定义不仅指出了循环经济的核心、原则、特征，同时也指出了循环经济是符合可持续发展理念的经济增长模式，抓住了当前中国资源相对短缺而又大量消耗的症结，对解决中国资源对经济发展的"瓶颈"制约具有迫切的现实意义。该定义从以下几个方面揭示了循环经济的内涵：①循坏经济以可持续发展观为核心；②循环经济以对资源的低消耗、低排放、高利用为特征；③循环经济以"减量化、再利用、再循环"为原则；④循环经济以企业之间的共生关系为载体；⑤循环经济体现了人与自然协调发展的关系。

（2）循环经济的三个原则——"3R"原则。

输入端——减量化（reduce）。是指减少进入生产和消费过程的物质量，从源头节约资源使用和减少污染物的排放。

减量化原则针对的是"输入端"，用较少的原料和能源，特别是无害于环境的资源投入来达到既定的生产目标和消费目标。这一原则追求的是资源生产率（相对于劳动生产率而言）。我们不仅要提高劳动生产率，而且要提高资源生产率，包括水资源生产率、土地生产率、能源生产率等。

过程中——再利用（reuse）。是指提高产品和服务的利用效率，要求产品或包装以初始形式多次使用，减少一次污染。

再利用原则针对的是"中间过程"，延长产品和服务的时间强度，要求制造产品和包装容器能够以初始的形式被反复利用，要求制造商尽量延长产品的使用期。这一原则追求的是资源的重复利用率。重复利用率高，既提高了资源生产率，又降低了单位产值或产品的污染排放率。

输出端——再循环（recycle）。是指产品完成使用的功能后重新变成再生资源加以利用。

再循环（也称再资源化）原则针对的是"输出端"，要求使用后报废的产品，通过加工处理，使其变为再生资源，变为再生原材料或能源，重新进入生产领域。这一原则追求的是废物回用率。废物回用率高，既可以减轻资源压力，又可以减轻环境压力。

（3）循环经济发展的三条技术路径。

从资源利用的技术层面来看，循环经济的发展主要是从资源的高效利用、循环利用和废弃物的无害化排放三条技术路径来实现的。

①资源的高效利用。依靠科技进步和制度创新，提高资源的利用水平和单位要素的产出率。在农业生产领域，一是通过探索高效的生产方式，集约利用土地、节约利用水资源和能源等。如推广套种、间种等高效栽培技术和混养高效养殖技术，引进或培育高产优质种子种苗和养殖品种，实施设施化、规模化和标准化农业生产，能够提高单位土地、水面的产出水平。二是改善土地、水体等资源的品质，提高农业资源的持续力和承载力。通过秸秆还田、测土配方科学施肥等先进实用手段，改善土壤有机质以及氮、磷、钾元素等农作物高效生长所需条件，改良土壤肥力。

②资源的循环利用。通过构筑资源循环利用产业链，建立起生产和生活中可再生利用资源的循环利用通道，达到资源的有效利用，减少向自然资源的索取，在与自然和谐循环中促进经济社会的发展。在农业生产中，由于农作物的种植和畜禽、水产养殖本身就要符合自然生态规律，通过运用先进技术建立农业生态产业链就可以实现各种农业生产的有机耦合。以"养殖—废弃物—种植"农业生态产业链为例，通过畜禽粪便的有机肥生产，将猪粪等养殖废弃物加工成有机肥和沼液，可向农田、果园、茶园等地的种植作物提供清洁高效的有机肥料；畜禽粪便发酵后的沼渣还可以用于蘑菇等特色蔬菜种植。可见，农业生态产业链就是由农业种植业、养殖业、农产品加工业、农产品贸易与服务业等各部分组成，按照"生物链"原理为依据组织起来的循环生态产业体系，通过循环，使废弃物得到有效利用，同时降低环境污染。目前，我国许多农村地区按照循环经济的理念，根据各地区的资源、地理条件和特征，构建了不同的农业循环经济的成功案例（见案例2-2）。

③废弃物的无害化排放。通过各种先进技术实现废弃物的无害化处理，减少生产和生活活动对生态环境的影响。以农业生产为例，一方面，通过推广生

态养殖方式，运用沼气发酵技术，对畜禽养殖产生的粪便进行处理，化害为利，生产制造沼气和有机农肥；实施农业清洁生产，采取生物、物理等病虫害综合防治，减少农药的使用量，降低农作物的农药残留和土壤的农药毒素的积累；采用可降解农用薄膜和实施农用薄膜回收，减少土地中的残留。另一方面，针对农业生产的大量废弃物——秸秆、畜禽粪便等实施能源化开发利用，充分运用秸秆发电技术、秸秆气化集中供气（热解气化）技术、大型沼气池发电技术等，将农业生产中产生的大量秸秆、粪便等废弃物进行资源化再利用，有效降低污染物的排放，减少对环境的损害。如目前已建成的山东民和牧业有限公司大型沼气工程（设计日处理鸡粪便约 500 吨，日沼气发电量达 60000 千瓦/小时）；内蒙古蒙牛澳亚示范牧场大型沼气发电综合利用工程（设计日处理 10000 头奶牛粪便，日沼气发电量达到 18000 千瓦/小时以上）以及北京德清源农业科技股份有限公司处理鸡粪的沼气发电工程（设计日处理 260 万羽蛋鸡粪便，日沼气发电量为 38000 千瓦/小时）。这些都是资源化再利用的成功案例。

案例 2-2 "中国生态农业第一村"——留民营

留民营村位于北京市东南郊，大兴区长子营镇境内，村庄总面积 2192 亩，人口不足千人，但它却是我国最早实施生态农业建设和研究的试点单位，被誉为"中国生态农业第一村"。2004 年 10 月，联合国秘书长安南亲自前来参观，小村世界闻名。

留民营是联合国环境规划署授予的"全球环保五百佳"，是著名的中国生态农业第一村，开展生态农业观光已有 20 年的历史，吸引了世界 138 个国家和地区的游客。几十年来，留民营坚持走生态农业发展之路，坚持科技兴农，为建设资源节约型、环境友好型的社会主义新农村做出了贡献，近几年，荣获了"全国绿化美化千佳村"和"全国首批农业旅游示范点"殊荣以及"北京最美丽的乡村""全国绿色村庄"等称号。

留民营通过大力开发利用新能源、保护生态环境、调整生产结构，形成了利用生物能、太阳能，串联种植、养殖、加工、产供销一条龙的生态体系。这里有无公害有机蔬菜示范区、无污染旅游制品工业区、沼气太阳能综合利用示范区、民俗旅游观光区、动物园、农具馆、宾馆、影剧院。度假村以生态游、民俗游为最大特色，以餐饮、娱乐、健身为载体，是集种植、养殖、采摘、垂钓、烧烤、住宿、农业观光为一体的高科技民俗旅游度假村。

在利用新型清洁能源方面，沼气成为留民营村应用最为普遍的生物能源。现在，全村的家家户户日常生活离不开沼气，沼气已经成为留民营循环经济的核心。沼气原料来源于家禽养殖场中的鸡粪。产生的沼气用于村民日常炊事，沼渣沼液还田，用于有机农作物生产。既解决了禽畜粪污的污染问题，又实现了村民的用气和有机农作物生产的良性循环。1980 年留民营村按照人厕、猪圈、沼气三结合的办法，为全村 240 户各建了一个 8 立方米的家庭用沼气池，结束了村民做饭烧秸秆的历史。之后，村里又购置 180 个太阳灶，165 个太阳能热水器，分装在每户家庭。1982～1993 年北京市环境保护研究所和留民营村合作，实施留民营生态农业系统建设与研究的课题。自此，留民营的生态农业建设由自发实施转入在科学理论指导下实施。1992 年美籍华人生态专家为留民营村设计了大型高温沼气池，由联合国环境规划署援建，技术属当时世界先进水平。沼气池年产气 1 万～30 万立方米，沼气管道通往各农户和集体单位，替代小型家用沼气池，有效解决了农村用能问题。1997 年实施二期沼气工程，兴建 200 立方米的沼气灌，全村规模养殖业产生的粪便全部用于生产沼气，产气量可达 30 万立方米，主要用于发电，可以满足工业、生活用电以及楼房取暖的需要。农作物的秸秆、养殖场的粪便都成为沼气池的发酵物。沼气池的渣液可作为优质的有机肥料还田，残渣可当饲料还回养殖场。沼气的应用有效地净化了农民生活区和畜牧区的环境，同时促进了种植业和养殖业的发展。

现在，留民营沼气三期工程已经开始实施，工程主体占地 1500 平方米，配套 87000 米的管道，实现以留民营沼气站为中心，辐射周边 6 个村的沼气联供模式，将有 1650 户村民用上新能源，推动生物质清洁能源在京郊的应用，为北京的蓝天工程贡献自己的一分力量。

资料来源：吴风琴．中国生态农业第一村—留民营．中国环保产业，1997.8 期；新浪财经．《留民营：观光生态农业第一村》http：//www. sina. com. cn/2009 – 04 – 01；留民营观光旅游网 http：//www. lmylygg. com/company. asp? fileSort = 3.

第三章
河北省农村生态环境现状与总体评价

一、河北省农村生态环境现状

改革开放以来，河北省的经济持续高速发展，农业和农村经济也取得了长足进展；与此同时，也导致河北省的生态环境严重恶化，给农村经济和社会发展带来巨大危害。由于河北省不同地区所处自然环境和地理位置的不同，其生态环境污染和破坏的状况在不同地区也表现出较明显的地域特征。为此，本课题的研究通过选取具有代表性的四类地区：坝上高原—张家口、东部沿海—唐山、西部山区—石家庄、南部平原—邯郸，在对其生态环境现状及其建设情况进行较为深入的调研的基础上，从河北省农村环境污染的一般特征（普遍性）和农村生态环境破坏的典型特征（特殊性）两个方面进行分析。

1. 河北省农村环境污染的一般特征（普遍性）

河北省所辖171个县（市、区），2014年共有1957个乡镇、48636个村庄，农村总户数为1575.2万户，农村总人口5628.4万人。[①] 近年来，河北省以发展县域特色主导产业为重点，积极推进农业产业化、现代化和新农村建设，取得了显著的成绩。但随着农村经济的发展，农村环境污染问题也日益突出，农村环境保护

---

① 河北省统计局. 河北经济年鉴 2015. 河北统计局网站，http：//www.hetj.gov.cn/res/nj2015/index-ch.htm.

明显滞后于农村经济社会发展，很多农村"垃圾靠风刮、污水靠蒸发"，农村环境污染问题没有得到相应的重视。一些地区农村生态环境问题十分突出。

（1）畜禽养殖污染严重。

畜禽养殖是农民致富的一个重要途径，也是农村环境污染的重要污染源。畜禽养殖带来的环境污染主要体现为两个方面：一是畜禽排泄物和畜禽养殖污水中含有的病原微生物进入水体后，以水为媒介传播一些疫情和疾病，对人群健康造成了极大威胁；二是饲料中含有一些滥用的抗生素、违禁药物、重金属、促生长剂等有害物质，随畜禽类的粪便一起排入土壤、水体中，造成农村土壤和水环境污染。据 2010 年公布的《第一次全国污染源普查公报》数据显示，畜禽养殖污染在农村环境污染中占的比例偏重，畜禽养殖业的化学需氧量、总氮、总磷分别占农业源的 96%、38% 和 56%。畜禽粪便中过量的总氮、总磷对土壤的污染尤其严重。[①] 河北省作为畜牧大省，2014 年，河北省畜牧产值达到 1952.02 亿元，占全省农林牧渔总产值比重的 32.56%；2014 年末，全省大牲畜存栏 488.23 万头，其中，肉牛存栏 402.42 万头，马、驴存栏分别为 17.06 万头、49.92 万头；2014 年末生猪存栏 1915.5 万头，全省肉羊存栏 1526.4 万只，家禽养殖数量 38694.7 万只。禽蛋总产量 362.71 万吨，肉类总产量达到 468.1 万吨，居全国第六位。[②] 与此同时，由于河北省分散型家庭养殖比较普遍，畜牧业以散养户居多，规模化养殖率低，进而导致畜禽粪便的集中处理度不高。据调查测算，全省年畜禽养殖粪尿排放量约 9600 万吨，规模畜禽养殖场（小区）配套建设粪污处理设施的比例仅占 46%。[③] 大量的养殖场建于村内，没有实行人畜（禽）分离，养殖场恶臭气味对周围居民的生活产生较大影响；未经安全处理的畜禽粪便直接排入水中或任意堆放，造成水体富营养化，严重污染地下水和地表水环境，对广大农村和城镇居民的饮水安全问题产生威胁。

---

① 农业部. 农业源污染中畜禽养殖业污染问题突出. 中国网，http：//www. china. com. cn/news，2010 年 2 月 9 日.

② 河北省统计局. 河北经济年鉴 2015，河北省统计局网站 http：//www. hetj. gov. cn/res/nj2015/indexch. htm.

③ 河北省农业厅. 关于印发《河北省农业厅农业面源污染治理（2015～2018 年）行动计划》的通知，2015 年 7 月 16 日.

（2）乡镇企业污染普遍。

近年来，河北省县域经济发展迅速，乡镇企业蓬勃发展，产生了以皮革、造纸、水泥、纺织、煤炭、非金属矿制品、化工及食品加工业为主要产业的一些生产基地，2008 年全省共有乡镇企业 124851 个，吸纳农村就业人员1179.96 万人[1]。乡镇企业已成为河北省国民经济的重要组成部分和县域经济的主体。但是，由于乡镇企业布局分散，规模小、生产工艺落后，经营粗放，污染治理设施少、排污度高等特点，给周围农村环境造成严重影响。河北省的乡镇企业中有许多是属于高污染、高排放的行业，如石家庄辛集、无极的皮革制造、保定满城的造纸、石家庄井陉、鹿泉的石料开采和加工以及水泥生产等，这些企业中相当一部分属于效益较差、能耗较大、环境污染严重的企业，且绝大部分分散在乡村，设备陈旧、技术落后，多采用土法生产，没有污水处理设施，直接污染严重。据统计，2007 年末，全省规模以下工业企业有 59876 家，绝大部分分散在乡村，"三废"排放居高不下，治理水平比较低，不仅影响工业经济发展质量，而且给环境安全带来负面影响。[2]

（3）农用化学物质及其废弃物污染严重。

河北省是一个农业大省，同时，又是耕地资源相对不足的省份，目前，河北省人均耕地 0.084 公顷（1.26 亩），低于全国人均 0.912 公顷（1.43 亩）的平均水平，不到世界平均水平的 40%。由于人多地少，土地资源的开发已接近极限，化肥、农药的使用成为提高单位产出水平的重要途径。但长期过量地施用化肥，会造成土壤物理性质恶化，土壤板结，肥效降低，又进一步促使施用量增加，如此恶性循环，造成土壤和水体环境以及农产品的严重污染。据统计数据显示，我国的化肥施用量远远超过国际上为防止水体污染而设置的化肥使用安全上限。2014 年河北省平均化肥施用量为 397.36 千克/公顷，大大超过了发达国家设置的 225 千克/公顷的安全上限。同时，在肥料配比结构上，呈现出氮肥用量偏高，钾肥用量偏低，无机化肥过多，有机肥太少的特点，导致土壤酸化，土地肥力下降等问题。以 2013 年河北省农用化肥

① 国家统计局.2009 年中国农村统计年鉴［M］.中国统计出版社，2009.
② 孙瑞彬副省长在全省农村环境保护工作会议上的讲话，河北环境保护年鉴 2008.

使用量为例，2013 年化肥施用量（折纯量）331.04 万吨，居全国第五位。其中，氮肥的使用量为 150.65 万吨，而钾肥的使用量仅为 27.85 万吨。且化肥的施用量（折纯）总体上呈上升的趋势，从 2006 年的 304.9 万吨上升到 2013 年的 331.04 万吨（见表 3 - 1）。由于富集的氮肥得不到充分的利用，以降水和灌溉等形式流失到水体中，导致地下水的氮磷物质含量增高、地表水富营养化，成为重要的农业面源污染物[①]。

表 3 - 1 数据还显示，近年来河北省农业生产中所使用的农药也呈现上升趋势。大量施用农药，尤其是高毒农药，对农村地表水、地下水、农产品品质已经造成严重的危害，直接影响人类健康。长期以来，我国的化肥和农药施用量较大，但利用率却很低。据统计，我国化肥的利用率只有 30% 左右，施用的农药一般也只有 10% ~ 20% 附着在农作物上，大部分飘浮在空气中或降落在地面，通过降水、灌溉等形式流失在土壤和水体之中，通过农田排水以及向地下水迁移等方式污染农村水体，并通过食物链危害到动物及人类的健康。

表 3 - 1　　　　　　河北省化肥、农药与地膜使用情况

年份	化肥施用量（折纯）（万吨）	氮肥（万吨）	磷肥（万吨）	钾肥（万吨）	复合肥（万吨）	农药使用量（万吨）	农用薄膜（万吨）
2006	304.90	155.10	48.60	24.30	76.90	8.12	11.13
2007	311.90	156.10	48.20	25.10	82.50	8.35	11.37
2008	312.40	153.47	47.90	25.47	85.50	8.51	11.37
2009	316.17	153.00	47.40	26.30	89.40	8.65	11.89
2010	322.86	153.07	47.31	26.84	95.64	8.46	11.86
2011	326.28	152.42	47.10	27.05	99.71	8.30	12.38
2012	329.33	151.68	46.58	27.24	103.83	8.48	12.69
2013	331.04	150.65	46.55	27.85	105.99	8.67	13.60

资料来源：国家统计局网站，http://data.stats.gov.cn/easyquery.htm? cn = E0103.

此外，由于大棚农业的广泛普及，农用地膜被大规模使用。农用地膜属高分子有机化学聚合物，在土壤中不易降解，而且降解之后也会产生有害物

① 李海鹏. 中国农业面源污染的经济分析与政策研究［D］. 武汉：华中农业大学，2007：24.

质，导致农作物的减产，甚至对蔬菜等作物产生毒性。河北省 2013 年农用塑料薄膜使用量为 13.60 万吨，比上年增长 7.1%，位居全国第四位。由此可见，河北省农用地膜的大量使用对农村生态环境的影响愈发严重。

（4）农村生活垃圾和污水污染加剧。

农村居民数量众多，生活污水和生活垃圾的排放总量巨大。目前，河北省农村人口已达 5628.4 万人，以每人每年产生 0.25 吨垃圾计算，年生产生活垃圾 1360 多万吨。由于受现代生活方式的影响下，农村区域居民消费水平普遍提高，生活垃圾和日常耗水量较过去大为增加。村民在吃、穿、用等方面的日用消费品多为工业制品，但由于绝大多数农村的垃圾处理和给排水、污水处理设施建设严重滞后，导致生活垃圾乱堆乱放，直接丢弃到村庄附近的沟塘、河边或者其他角落；农村生活废水大部分均为直接排放，随意泼洒导致农村水体污染严重。废旧塑料袋不仅量大，而且难以降解；生活污水沿沟渠漫流，直接排入水体，造成农村严重的"脏乱差"现象，不仅影响乡村卫生及景观而且形成潜在的污染威胁。如臭水坑和垃圾的自降解过程所产生的臭气和滋生的蚊蝇，造成环境污染和传染性疾病蔓延，严重影响了农村居民的身心健康。另外，大量的秸秆由于缺乏理想的用途，综合利用水平低下，被大量焚烧以减少清理成本，由此却造成了严重的空气污染。许多农村"污水乱倒、垃圾乱放、粪土乱堆"现象十分普遍。

但是，河北省农村基础设施却普遍比较落后，缺乏污水排放和垃圾清运处理系统。2008 年末，全省 779 个县城以外的建制镇、974 个乡、41372 个行政村中，共建排水管道 2203 公里、排水暗渠 804 公里，有 10 个乡镇修建了小型污水处理设施，全省乡镇污水处理设施拥有率仅 1.8%。垃圾处理方面，全省村镇配有环卫专用车辆 2434 辆，年生活垃圾清运量 133.88 万吨，年生活垃圾处理量 8.95 万吨，垃圾处理率仅为 6.7%[①]。

（5）农村饮用水安全堪忧。

河北省近年来按照国家确定的"水质、水量、水源保证率和用水方便程

---

① 河北新闻．河北农村环保"以奖代补"全面推进，燕赵都市网，http：//yanzhao.yzdsb.com.cn/system，2009 - 09 - 08.

度"四项指标在全省进行普查，发现农村饮水不安全问题颇为严峻。普查结果显示，河北省共有农村饮水不安全人口 3268 万，诸多民众因饮用高氟水、苦咸水患病，甚至因病致贫、返贫。另据河北省第二次农业普查对全省 1967 个乡镇和 49248 个村（居）的基础设施建设和基本社会服务进行的调查结果显示，河北省有 64.56 万个住户反映获取饮用水存在困难，占 4.7%。使用管道水的住户 940.13 万户，占 68.4%。有 187.44 万户的饮用水经过净化处理，占 13.6%；1019.86 万户的饮用水为深井水，占 74.2%；147.62 万户的饮用水为浅井水，占 10.7%；5.81 万户的饮用水来源于河湖水，占 0.4%；3.99 万户的饮用水为池塘水，占 0.3%；5.18 万户的饮用水来源于雨水，占 0.4%；5.25 万户的饮用水来源于其他水源，占 0.4%（见表 3-2）。

表 3-2　　　　　　　　河北省农村居民饮用水情况　　　　单位:%

按饮用水水源分的构成	百分比
净化处理过的饮用水	13.6
河湖水	0.4
池塘水	0.3
雨水	0.4
浅井水	10.7
深井水	74.2
其他水	0.4

资料来源：河北省统计局.河北省第二次农业普查数据公报（第三号），河北省统计局网站.

为此，自 2005 年开始，河北开始实施农村饮水安全工程，重点解决水质不达标和局部供水严重不足问题。截至 2012 年底，已累计解决了 2147 万农村人口的饮水不安全问题。此外，在全国普遍开展的农村环境综合整治工作中，针对农村饮用水安全问题，各地积极实施了农村的改水、改厕工作。据统计资料显示，2012 年，河北省农村改水累计受益人口达 5317.7 万人，其中，自来水 4670.3 万人，占农村总人口的 82.9%；经过改厕累计使用卫生厕所的用户数达到 838.4 万户，卫生厕所普及率为 55.8%[①]。但是，目前河北省

① 国家统计局.2013 中国农村统计年鉴[M].中国统计出版社，2013.

仍有 130 多万农村人口还在直接饮用没有任何过滤处理的、无安全保障的饮用水，甚至是受到不同程度污染的水。

此外，由于受自然原因和污染因素影响，一些农村地区的饮用水水源地还不能达到饮用水标准。据河北省环保部门 2009 年开展的乡镇饮用水水源地基础环境调查资料显示，在所筛选出的 203 个典型乡镇集中式饮用水源地中，有 61 个水源地供水经过消毒再输入供水管网，乡镇饮用水的水质处理率仅为 30%，且饮用水处理工艺简单；受地质原因的影响，典型乡镇饮用水水源地中，水源地水质达标率为 61.08%，低于我国饮用水水源地合格比率 75.3%。大部分超标水源地是由于地质原因造成的氟化物超标，小部分原因是由于个别水源地保护区内农业种植、分散式畜禽养殖、居民生活和排水污水下渗影响导致水源地总大肠杆菌群超标[①]。由于河北省乡镇水源地管理缺乏统一协调的管理机构、大部分（75.7%）饮用水水源地保护区没有进行明确划分，水源保护区内人口居住和农业耕作情况较为普遍，并存在一定的污染源，致使一些地方的农村饮用水水源地没有得到有效保护，农村饮用水的安全受到威胁。

由此可见，农村生产与生活中存在的环境问题，已成为农村经济社会可持续发展的制约因素。

2. 河北省农村生态环境恶化的典型特征（特殊性）

由于所处自然环境和地理位置的制约，河北省境内高原、山地面积超过了 50%；受自然地理条件和气候的影响，河北省不同地区其生态环境污染和破坏的状况也表现出较明显的地域特征。为此，本课题结合河北省生态功能区的划分情况，在深入调研的基础上对我省目前十分突出的生态环境恶化现象加以分析。

（1）坝上高原生态区草场退化、土地沙漠化现象严重。

以张家口、承德地区为主的坝上高原，是全省生态环境最脆弱的地区之一，由于近些年经济发展的速度加快，过度放牧、超载养殖，导致风沙、干旱等自然灾害频发，草场退化、土地沙漠化现象十分严重，生态环境日益

---

① 李丹等．河北省乡镇集中式饮用水水源地现状调查与对策研究［J］．河北环境科学，2010（3）．

恶化。

以张家口为例，该地区位于河北省西北部，北接内蒙古，西接山西省，东邻承德市，南与北京市及保定交界，地势北高，东南低，处于蒙古高原与华北平原的过渡带，坝上高原区属内蒙古高原的南部，坝下呈低山盆地貌；张家口特殊的地理位置和地形地貌，决定了冬春季盛行西北风，且大于5、6级，天数多达数十天，加上土地荒漠化、沙化得不到有效控制，不仅成为甘肃、宁夏、内蒙古高空沙尘暴的必经之路，而且境内分布有大量河滩、沙滩，成为危害首都的沙源地之一。目前，张家口市土地沙化相当严重，全市沙化面积达1800万亩，占全市总土地面积的33%，占全省沙化土地面积的44.1%，水土流失面积1.73万平方公里，占全市土地总面积的47%。

此外，河北省现有天然草原面积501.5万公顷，占河北省总面积的26.8%[①]。其中，绝大部分分布在张家口和承德的坝上高原地区。由于干旱、鼠虫害等自然因素和各地区不同程度的超载过牧，使草原生物种质资源遭到破坏，优质牧草种类和数量明显下降，有毒、有害杂草种类和数量上升，草原的生态环境质量严重退化。近年来，随着京津风沙源治理工程和退耕还草、还林等草原保护建设项目的实施，草原生态状况有所好转，但草原生态环境整体恶化的趋势尚未得到根本遏制。

（2）平原生态区水资源危机日益严重。

河北省地处华北平原，包括秦皇岛、唐山、廊坊、保定、石家庄、邢台、邯郸、衡水、沧州9个市在内的平原生态区，面积71076平方公里，占全省土地总面积的37.9%。由于地处全国最大的漏斗区，水资源短缺十分严重，多年平均水资源总量为203亿立方米，人均、亩均水资源量分别为307立方米、211立方米，仅为全国平均水平的1/7和1/10，属资源型严重缺水省份。2014年末，全省平原浅层地下水平均埋深17.11米。与上年同期比，浅层地下水位平均下降0.93米，地下水蓄存量减少53.06亿立方米。深层地下水位平均埋深：邢台中东部平原65.94米、衡水70.52米、沧州65.16米。与上年同期相比，邢台中东部平原、衡水、沧州地下水位分别下降7.25米、11.04

---

① 河北省环保局．2007年河北省环境状况公报．

米、5.68 米。全省大部分地区水资源供需矛盾十分突出，饮水困难和饮用高氟水的人口多达 400 余万人，大型灌区实灌面积已经不足设计面积的一半，农业平均水利用率仅为 40%，远低于发达国家农田灌溉水利用率 80% 的水平。

目前全省有各种类型水库 1179 座，加上潘家口、大黑汀及京津管理的大型水库，可供水资源量为 169.5 亿立方米，而近年来实际用水量在 200 亿～230 亿立方米，年缺水约 60 亿立方米，生产、生活用水大量靠超采深层地下水维持，地下水超采严重。全省年均超采地下水 50 亿立方米左右，超采区面积 4 万余平方公里，已经形成了 7 个 1000 平方公里的漏斗区，是全国地下水超采问题最严重、地面沉降面积最大的省份。[①]

同时，水污染和浪费更加剧了水资源的短缺。近年来，由于石油类污染，城市垃圾和生产生活污水的不合理处置以及农业生产中农药、化肥的大量使用，造成地下水污染状况日趋加重，据中国地质调查局 2006 年组织进行的《华北平原地下水污染调查评价》显示，华北平原有 50.71% 的地下水资源不能直接利用（Ⅴ类水）和需经专门处理后才可利用。[②] 不用任何处理直接可以饮用的地下水资源（Ⅰ～Ⅲ类水）只占 24.24%，经适当处理可以饮用的地下水资源（Ⅳ类水）占 25.05%。地下水资源的严重污染，使得原本紧张的水资源供需矛盾更为突出。作为农业大省，河北省水资源尤其是农业水资源短缺问题十分严重，因此，20 世纪 90 年代后期污水灌溉迅速发展，虽然污水中含有丰富的营养成分为农业生产提供了水肥资源。但是由于用于农田灌溉的污水大部分未经处理，含有大量的有害物质，长期的污水灌溉，会对土壤、农村水体与农作物产生严重影响。据《2006 年河北省环境状况公报》数据显示，2006 年河北省污水灌溉面积为 65380.3 公顷，废耕面积 92.0 公顷。据统计，农业污染事故 56 起，污染耕地面积 2583.0 公顷，造成农产品质量损失 6530.5 吨。并直接威胁了人体健康[③]。

---

① 河北省农业厅. 农业面源污染治理（2015～2018 年）行动计划.

② 新华网新闻，中国地质调查. 华北平原地下水污染调查评价，http://news.xinhuanet.com/society/2010 - 11/03/c_12735549. htm.

③ 河北省环保局. 2006 年河北省环境状况公报.

（3）山地生态区乱砍滥伐，水土流失加剧。

河北省山区面积广阔，地形复杂，包括张家口、承德、唐山、秦皇岛、保定、石家庄、邢台、邯郸8个市的48个县（市）在内的河北省山地生态区是京津冀重要的生态保护屏障，在全省乃至京津地区担负着保护城市供水安全、防治水土流失、防减风沙灾害、保护生物多样性等方面的重要职责，既是平原地区众多城市的地表水源涵养保护区（省内绝大多数水库均集中于本区），又是我省重要的林果生产、矿产采选、生态旅游等产业基地。总面积95304平方公里，占全省土地总面积的50.8%[①]。多年来由于盲目开荒、陡坡耕种等造成的地表植被覆盖率下降而引起水土流失十分严重。据国家公布的遥感调查数据，2007年，河北省水土流失面积为63007平方公里，占全省总面积的1/3，每年流失的土壤达2.37亿吨，直接影响京津地区生态安全。由于生态系统自我调节能力差，极易遭受破坏，恢复难度较大，加之长期超强度开发，原生森林植被破坏严重，荒山裸地面积占全省山区总面积的12%以上。我省人均林地面积0.0487公顷，为全国平均水平的1/3。人均活立木蓄积1.28立方米，为全国平均水平的1/8。全省森林覆盖率为23.25%，低于全国平均水平。

造成河北省山区水土流失的主要原因：一是河北省山区集中了大量的矿产采选、开发活动，矿业生产经营粗放，采矿、选矿回收率低，污水、废气肆意排放，对生态环境产生严重影响；二是山区贫困人口集中，贫困与生态环境问题交织。我省共有国定贫困县（区）40个，省定贫困县12个，贫困人口452万，集中分布在坝上高原、燕山山区、太行山区和黑龙港地区，是东部沿海地区贫困人口数量最大、区域性贫困问题最突出的地区[②]。长期以来，由于当地农民缺乏资金、技术，劳动力成为主要的生产要素，低廉的劳动力抚养成本，导致人口膨胀，而越来越多的人口为了获得必需的生活资料，不得不采取广种薄收、草原过度放牧、森林被过量砍伐等资源耗竭型的不可持续发展的生存战略，过垦过牧，造成草场及植被严重损坏，水土流失及荒漠化日益加剧；土地生产力的继续下降，又加大土地开发力度，使上游地区处于生态经济恶性循环之中。

[①②]　河北省人民政府．河北省生态省建设规划纲要．

二、河北省农村生态环境总体评价

随着可持续发展思想和理念的广泛和深入传播，人们越来越认识到农村经济的发展不应该是单纯的 GDP、人均收入水平等经济指标的增长，而应当是经济、社会与生态环境之间全面、协调的发展，发展的中心意义是社会和个人的福利增进，而这在很大程度上取决于生态环境的良好支撑功能。为此，本研究围绕河北省现有农村生态环境对经济、社会可持续发展的支撑作用进行了相应的实证研究。

1. 河北省农村生态环境评价指标体系的构建

建立和运用指标体系要有一定的目的性，河北省农村生态环境建设评价指标体系的构建最终是服务于生态农村的发展目标，保证农村走经济、社会与生态环境全面协调发展的可持续发展道路。其指标体系所包含的内容应当能够体现生态农村的发展水平，利于人们通过有效的调控措施促进农村生态环境的持续、稳定发展。

（1）评价指标体系的功能。

农村生态环境建设评价指标体系的基本功能应当为农村生态环境的发展提供评价、监控和预测功能。

①评价功能：农村生态环境评价指标体系应当能够对农村的生态环境综合能力进行宏观评价，通过分析不同要素指标，可以评价各要素对农村生态环境总体发展的影响状况。

②监控功能：一定时期内，通过持续的分析和整理农村生态环境综合发展状况，从不同角度反映其综合发展水平变化趋势、静态状况、产生所要的结果，实现监控功能。

③预测功能：通过分析农村生态环境的综合发展状况，对农村的生态环境容量、发展潜力等进行可行性的预测，了解未来发展趋势，从而实现对生态农村的动态管理。

（2）评价指标体系建立的原则。

①科学性原则。评价体系的建立是力求能够有效解决实际问题而进行的，

所以建立的评价体系必须遵守科学性原则，选取指标要与各子系统有较好的联系，使之能较好地、客观地反映系统发展的内涵，有效地实现可持续发展的目标。指标体系覆盖面要广，这样才能综合、科学地反映影响生态农村发展的各种因素。

②可操作性原则。考虑到农村生态环境评价工作是在基层进行的，因此，指标设计时要考虑指标计算简便、名称通俗、易于理解、数据易得、便于操作等。

③简明性原则。农村生态环境评价涉及的内容方方面面，为此，只能根据战略目标中的关键问题选择关键的指标。指标必须简单明了、通俗易懂。这样选择的指标数量较少，数据易于收集，可操作性强。为了减少指标的数量，可以采用综合性指标。

④区域性原则。不同的地区有着不同的地理环境，不同的民俗风情，不同的发展状况，这些都是区域性差异。区域性差异决定了评价体系必须以区域为基础前提。为了尽可能客观地反映区域发展的实际情况，不同区域在构建评价指标体系时必然有不同的侧重。因此，对于农村生态环境来说，由于各类生态农村在自然条件、社会经济发展状况、生态环境状况和发展目标等方面存在差异，在建立指标体系时，应针对不同类型、不同地区的农村生态环境，突出地方特色，建立一套能客观全面体现农村生态环境内在特征与可持续发展的全部内容的评价指标体系。

⑤动态性原则。农村生态环境发展是一个动态过程，对于同一个区域而言，其发展阶段是不断变化的。在不同发展阶段，我们要采取不同的区域发展模式和方法，同时，农村生态环境评价的侧重点和侧重面也会有所不同，所以选取指标时需要有一定的灵活性和弹性，这样才能够适应不同变化情况和反映区域农村生态环境发展是否可持续以及可持续的程度。

（3）评价指标体系的建立。

①准则层的选取

农村生态环境是一个社会、经济、自然三个子系统的复合生态系统，不能仅仅局限于自然系统的范畴，还应考虑社会、经济等各个领域的发展，必须从各个不同的角度综合考虑。通过系统分析，我们将河北省农村生态环境评价分为经济发展、生态环境和社会进步三个方面选取指标进行评价。

经济发展是由经济总量、经济发展速度、经济产业结构等内容构成，它要求生产在经济上可以自我维持、自我发展，在客观上，它必然表现为农业生产越来越有效地利用各种自然资源，经济可持续性关键取决于农业能否提高生产效率，提高农产品的附加值，使农业经营具有经济效益，农产品在市场中具有较强的竞争力，从而能够获得较稳定的平均利润。同时，农业生产也需要能长期维持一个较高的产出水平和一定的产出增长速度，以满足不断增长的社会人口在物质生活方面的需求。

生态环境是指农业所依赖的自然资源的可持续利用和农业生态环境的良好保护，在农业生产上，它要求诸如耕地总量的稳定，土壤肥力的稳定或提高，水资源的可持续性利用，生物资源的保护，以及较强的抗灾能力等，在居民生活上，要求保持良好的大气、地表水和地下水环境，可以获取无毒安全的农产品等。

社会进步是针对以人为核心的社会服务体系而言的，要求农村社会环境有利于农业的持续发展，即保护农业生产经济、生态可持续发展所需要的农业社会环境的良性发展。

②具体指标的选取与解释

在对农村生态环境的内涵、特征进行综合分析的基础上，选择了15个单项指标作为具体指标。如图3-1所示。

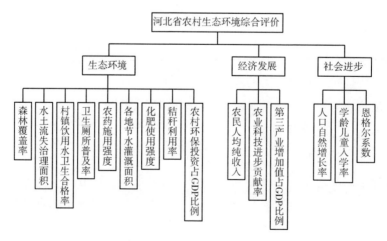

图3-1　农村生态环境综合评价体系

2. 农村生态环境评价方法

除了选定评价指标外，确定权重系数也是建立评价体系的一个非常重要的问题。权重指的是赋予各个指标不同的重要程度，权重的大小将直接影响评价结果的公正性、公平性和科学性，它的确定主要是由两个方面来决定的，第一个是指标本身的影响和可靠程度，另一个是决策者对指标的重视程度。因此，权重系数既是客观属性的反应，也是主观方面的选择。

确定权重的方法主要有层次分析法、德尔菲法、主成分分析法、熵值法、因子分析法等。由于农村生态环境建设研究较为新颖，加之河北省农村生态环境建设方面的数据有限，因此，根据具体情况，采用层次分析法对指标权重进行测评，然后计算综合评价得分。

（1）层次分析法的基本原理。

层次分析法（AHP）是美国运筹学家、匹兹堡大学数学家 Satty T. L. 于20世纪70年代中期提出来的一种实用多目标决策分析方法。其基本原理是：首先将复杂问题分成若干层次，以同一层次的各要素按照上一层要素为准则进行两两判断，比较其重要性，以此计算各层要素的权重，最后根据组合权重并按最大权重原则确定最优方案。

构造阶梯状层次结构是层次分析法的基础，只有把要考虑的各种因素及其相互关系搞清楚，才能得出比较准确的结论，AHP方法也才能发挥其作用。因此，在运用层次分析法解决问题的时候，构造合理准确的阶梯状层次结构是十分重要的。

首先，要合理确定影响最终结论的各种因素和它们之间的相互关系。一般来说，目标层因素和措施层因素比较明确，而准则层因素比较多，而且关系也比较复杂，要仔细分析它们之间的相互关系。同时也不要忽视上下层之间的关系和同一层级不同组别的关系。

其次，要注意合理分组，确保每一因素所支配的元素不超过9个。在层次分析法中，一般要求每一个因素所支配的元素不超过9个，这是因为，心理学研究表明，只有一组事物在9个以内，普通人对其属性进行判别时才较为清楚。因此，当同一层次因素较多时，就需要进行分组归类，在增加层次数的同时减少每组的个数，以保证两两判断的准确性。

（2）层次分析法的具体步骤。

①列出评价目标与评价指标之间的层次结构体系

首先根据评价目标影响因素复杂程度的不同，在评价目标与评价指标之间分 3 至 4 级，分别为目标层、准则层、因素层和指标层。目标层代表评价的目标，准则层从各个不同的侧面反映对目标层的评价，因素层反映影响各个侧面的不同因素，指标层对因素层进行细化。

②构造判断矩阵

用两两对比法构造判断矩阵。若用 w 来表示指标，a 表示指标的标度，将指标 w_i 与 w_j 进行对比，若同等重要，则 $a_{ij} = 1$，$a_{ji} = 1$；若 w_i 比 w_j 稍微重要，则 $a_{ij} = 3$，$a_{ji} = 1/3$；若 w_i 比 w_j 明显重要，则 $a_{ij} = 5$，$a_{ji} = 1/5$；若 w_i 比 w_j 强烈重要，则 $a_{ij} = 7$，$a_{ji} = 1/7$；若 w_i 比 w_j 极端重要，则 $a_{ij} = 9$，$a_{ji} = 1/9$。再用 a_{ij} 构造出 i 行 j 列的矩阵。

③求解判断矩阵

利用求判断矩阵特征向量的办法，求出准则层对目标层的影响权重、因素层对准则层的影响权重，以及指标层对因素层的影响权重，最后再用加权和的方法递阶归并出各评价指标对评价目标的最终影响权重。

具体求解方法是首先计算判断矩阵中每行元素 a_{ij} 的几何平均数 β_i：

$$\beta_i = \sqrt[n]{\prod_{j=1}^{n} a_{ij}} \quad (i = 1, 2, \cdots, n)$$

对向量 $\beta = (\beta_1, \beta_2, \cdots, \beta_n)^T$ 作归一化处理，得到特征向量 $W = (w_1, w_2, \cdots, w_n)^T$，即：

$$w_i = \frac{\beta_i}{\sum_{k=1}^{n} \beta_k} \quad (i = 1, 2, \cdots, n)$$

求出来的 w_i 就是评价指标的权重。

（3）计算综合评价得分。

综合指标体系能在评价社会进步和政策制定中发挥重要作用。将多个指标值用一定的组合方式或数学模型合并成一个综合评价值，这样的组合方式或数学方法必须通过筛选以选择适合的合并方法，计算综合评价得分。计算公式为：

$$综合评价得分 = \sum 权重 \times (实际比率 / 标准比率) = \sum 权重 \times 相对比率$$

在计算相对比率时，对于逆向指标，相对比率的计算通过目标值与实际数值之比来完成。当实际数值大于目标值，即已经达到或超过目标值时，相对比率一律取1。

农村生态环境水平参考中国科学院可持续发展评价标准，将评价值划分为0~0.4为非可持续发展，0.4~0.6为弱可持续发展，0.6~0.8为中可持续发展，0.8~1.0为强可持续发展这4个阶段。

3. 河北省农村生态环境综合评价结果

根据所构建的河北省农村生态环境评价指标体系，结合2008年河北省农村相关统计数据，得出2008年河北省农村生态环境综合评价结果，如表3-3和表3-4所示。

表3-3　　　　　2008年河北省农村生态环境综合评价指标体系

目标层	准则层	权重	指标层	单位	权重	实际值	目标值
河北省农村生态环境综合评价	生态环境	0.648	森林覆盖率	%	0.124	23.25	25.00
			水土流失治理面积	万平方公里	0.029	6.194	3.61
			村镇饮用水卫生合格率	%	0.233	74.46	100.00
			卫生厕所普及率	%	0.029	47.00	100.00
			农药施用强度	kg/hm²	0.072	14.42	8.00
			各地节水灌溉面积	千公顷	0.029	2544.5	2632.5
			化肥使用强度	kg/hm²	0.072	529.36	220
			秸秆利用率	%	0.029	69.23	100.00
			环保投资占GDP比例	%	0.382	1.29	2.00
	经济发展	0.230	农民人均纯收入	元	0.633	4795.46	7589.30
			第二产业占农村社会总产值比重	%	0.106	7.84	60
			农业科技进步贡献率	%	0.260	54.5	65
	社会进步	0.122	人口自然增长率	‰	0.194	6.55	6.94
			学龄儿童入学率	%	0.107	99	100
			恩格尔系数	%	0.700	38.17	30.00

表 3－4　　　　　　　　2008 年河北省农村生态环境综合评价值

评价值	2008 年	评价结果
综合评价值	0.691	中可持续发展
生态环境	0.684	中可持续发展
经济发展	0.632	中可持续发展
社会进步	0.839	强可持续发展

从评价指标体系构成来看，在生态环境准则层中，环保投资占 GDP 比例指标所占权重为 0.382，村镇饮用水卫生合格率指标所占权重为 0.233，森林覆盖率指标所占权重为 0.124，这三项指标所占权重之和高达 0.739，而其余六项指标所占权重均小于 0.10，之和仅为 0.261。因此，生态环境准则层评价值若想显著提升，环保投资占 GDP 比例、村镇饮用水卫生合格率、森林覆盖率这三项指标必须要抓牢。从 2008 年实际情况来看，环保投资占 GDP 比例实际值为 1.29%，目标值为 2%，相对比率为 0.645，处于中可持续发展水平；村镇饮用水卫生合格率 2008 年实际值为 74.46%，目标值为 100%，相对比率为 0.745，处于中可持续发展水平；森林覆盖率 2008 年实际值为 23.25%，目标值为 25%，相对比率为 0.930，处于强可持续发展水平。从 2008 年数据可以看出，森林覆盖率已达到强可持续发展水平，今后要在保持现状的基础上稳步提高，而环保投资占 GDP 比例和村镇饮用水卫生合格率则处于中可持续发展水平，今后这两方面还有很大的发展空间，要进一步加大力度进行提升，进而使得生态环境早日达到强可持续发展水平。

从经济发展准则层来看，农民人均纯收入指标所占权重为 0.633，对经济发展准则层影响最大，农业科技进步贡献率指标所占权重为 0.260，第三产业占农村社会总产值比重指标所占权重为 0.106。2008 年，农民人均纯收入实际值为 4795.46 元，目标值为 7589.30 元，相对比率为 0.632，处于中可持续发展水平；农业科技进步贡献率 2008 年实际值为 54.5%，目标值为 65%，相对比率为 0.838，处于强可持续发展水平；第三产业占农村社会总产值比重 2008 年实际值为 7.84%，目标值为 60%，相对比率为 0.131，处于非可持续发展水平。从 2008 年数据可以看出，农业科技进步贡献率指标已经处于强可持续发展水平，今后要在保持现状的基础上稳步提升。农民人均纯收入指标在经济发展准则层中占有相当大的权重，但目前仅处于中可持续发展水平，因此河北省今后要大力提高农民收入水平，使其早日达到强可持续发展水平。第三产业占农村社会总产值比重指标处于不可持续发展水平，其当前水平实在太低，与目标值相距甚远，这主要与农村自给自足的小农经济意识观念密切相关，对于这项指标的提升相关部门要从观念上抓起，稳扎稳打逐步提高，要从根本上改变第三产业发展缓慢的现状，显著提升第三产业在农村社会总产值中的比重。

从社会进步准则层来看，恩格尔系数指标所占权重为 0.700，对社会进步准则层影响最大，人口自然增长率指标所占权重为 0.194，学龄儿童入学率指标所占权重为 0.107。2008 年，恩格尔系数实际值为 38.17%，目标值为 30.00%，由于其为逆指标，所以相对比率为 0.786，处于中可持续发展水平，人口自然增长率 2008 年实际值为 6.55‰，目标值为 6.94‰，相对比率为 0.944，处于强可持续发展水平，学龄儿童入学率 2008 年为 99%，目标值为 100%，相对比率为 0.990，处于强可持续发展水平。从 2008 年数据可以看出，社会进步准则层整体水平较高，除恩格尔系数指标现处于中可持续发展水平外，其他指标都处于强可持续发展水平，因此，今后要注意控制恩格尔系数，使其尽快达到强可持续发展水平。

由表 3-4 可知，2008 年河北省农村生态环境综合评价值为 0.691，总体处于中可持续发展水平。其中，生态环境评价值为 0.684，处于中可持续发展水平，经济发展评价值为 0.632，处于中可以续发展水平，社会进步评价值为 0.839，处于强可持续发展水平。

第四章
河北省农村生态环境恶化的原因分析

本书围绕农村环境污染和生态环境恶化的现象，将分别从直接原因和深层原因两方面展开分析。直接原因——从现有经济运行的表象及经济主体的行为对环境的直接影响和作用来分析污染的形成；深层原因——针对形成污染的直接原因进一步从制度、体制和政策等层面进行深入剖析。

一、经济行为——农村生态环境恶化的直接原因

1. 二元经济体制下城市污染企业向农村的转移

长期存在的城乡二元经济体制导致农村和城市在诸多方面存在着巨大的差距和发展的不平衡。当受到普遍关注的城市生态环境在日趋改善的同时，农村则在逐渐承接城市污染型企业以及污染物的转移，不可避免地面临着环境恶化的趋势。

随着工业化进程日益加快，城市已无法容纳及承受环境的恶化。环境准入门槛的日益提高，导致一些污染型工业企业向农村转移。一些不符合环境标准的有害气体、有害废水、生产和生活垃圾、放射性废料等环境污染物便被有意或无意地转移到农村。即城市环境在日趋改善的同时，农村可能正在遭受环境状况的恶化。

而从另一个角度来看，即农村政府部门（甚至包括许多农村居民）实际上也往往欣然接受城市工业企业向本地区的转移，即使是污染较为严重的企

业。很显然，工业企业能给当地带来丰厚的财政收入，从而能改善当地的基础设施状况，提高居民生活环境；同时，工业企业对于增加当地农民就业岗位有着较为积极的作用，也迎合了二元经济结构下农民改善生活的迫切需求。

因此，在工业化、城市化加速的大背景下，全国各工业城市都在有意或无意地实行着这种"污染下乡"的政策，河北省也不例外。河北省尚处在工业化发展的中期，城市化水平较低，以工业发展为主要推动力的发展思路在一定时期内仍将延续。于是，依托乡镇企业来带动农业和农村经济的发展，引发了严峻的农村生态环境污染和环境破坏问题。在河北省广大的农村，乡镇企业如石材加工厂、矿石洗选厂等成为农村工业污染的重要来源，造成了农村林地、草地甚至耕地的退化，也破坏了农村的地表水甚至地下水循环，使生态环境持续恶化。

2. 乡镇企业在管理上的先天不足

改革开放以来，乡镇企业异军突起，在为农村的经济、社会面貌革新作出突出贡献的同时，也为农村的生态、环境面貌埋下了长久的隐患，农村原有的青山、绿水、蓝天等也慢慢消失。近年来，河北省的县域经济发展迅速，乡镇企业蓬勃发展，产生了以皮革、造纸、水泥、纺织、煤炭、非金属矿制品、化工及食品加工业为主要产业的一些生产基地，2008 年全省共有乡镇企业 124851 个，吸纳农村就业人员 1179.96 万人。[1] 但是，河北省乡镇企业中有许多是属于高污染、高排放的行业，如石家庄辛集、无极的皮革制造，保定满城的造纸，石家庄井陉、鹿泉的石料开采和加工以及水泥生产等，这些企业中相当一部分属于效益较差、能耗较大、环境污染严重的企业，且绝大部分分散在乡村，规模小、生产工艺落后，经营粗放，没有污水处理设施，给周围农村环境造成严重影响。由于乡镇企业分布较为随意，缺乏合理的规划和布局，给环境污染问题的监管和集中治理带来了难度，在信息不对称的条件下，污染企业一旦瞒报、漏报污染物的排放，监管部门则难以核实。由此可见，这种分散的布局以及管理上的缺位加重了农村环境污染的程度。

---

[1] 国家统计局农村社会经济调查司 .2009 年中国农村统计年鉴［M］. 中国统计出版社，2009（10）.

3. 农村的边缘化——农村公共物品供给不足

农村公共产品包括教育、社会保障、文化卫生等社会事业，供水供电、道路等基础设施，生态环境建设、环境综合整治、防灾减灾等诸多方面的内容，其投入主体主要包括中央政府和地方各级政府。我国长期以来以 GDP 作为经济发展的指标，环境污染及环境破坏等问题往往被忽视。近几年，各级政府在环保方面虽然加大了投入，但主要用在了城市生活污染及工业污染治理方面，真正用于农村环境污染治理及生态保护的投入是极为有限的。

随着农村人口的增长，村镇规模在不断扩大，居民的废弃物也在不断增加，但囿于资金、技术、基础设施投入等原因，农村生活废弃物处理设施的建设及容量都不能满足实际的需求，几乎不具备生活污水处理和生活垃圾无害化处理的能力。点源污染和面源污染现象在农村比比皆是，对居民生存发展与身心健康造成了严重的威胁。由于农村公共品供给的严重不足，尤其是生活垃圾和废弃物处理相关的环保设施缺乏，给农村居民留下了自身无力解决的难题。据统计调查显示，截至 2008 年底，河北省农村集中供水率为 83%，卫生厕所普及率和无害化卫生厕所普及率分别为 47% 和 23%，低于全国的 57.0% 和 34.8% 的平均水平。全省 779 个县城以外的建制镇、974 个乡、41372 个行政村中，共建排水管道 2203 公里、排水暗渠 804 公里，有 10 个乡镇修建了小型污水处理设施，全省乡镇污水处理设施拥有率仅 1.8%。垃圾处理方面，全省村镇配有环卫专用车辆 2434 辆，年生活垃圾清运量 133.88 万吨，年生活垃圾处理量 8.95 万吨，垃圾处理率仅为 6.7%[①]。另据河北省第二次农业普查对全省 1967 个乡镇和 49248 个村（居）的基础设施建设和基本社会服务进行的调查结果显示：在本次普查的村、镇中，57.5% 的镇实施集中供水，16.2% 的镇生活污水经过集中处理，27.4% 的镇有垃圾处理站。24.7% 的村饮用水经过集中净化处理，18.2% 的村实施垃圾集中处理，42.4% 的村有沼气池，14.4% 的村完成改厕。68.4% 的住户使用管道水。

---

① 燕赵都市网，河北新闻. 河北农村环保"以奖代补"全面推进，http：//yanzhao. yzdsb. com. cn/ system/2009/09/08/010127927. shtml 2009 – 09 – 08.

48.7%的住户炊事能源以柴草为主①。如表4-1所示。由此可见，河北省农村卫生基础设施的供给亟待提高。

表4-1   河北省有卫生处理设施的镇或村比重   单位:%

项目	河北省
实施集中供水的镇	57.5
生活污水经过集中处理的镇	16.2
有垃圾处理站的镇	27.4
饮用水经过集中净化处理的村	24.7
实施垃圾集中处理的村	18.2
有沼气池的村	42.4
完成改厕的村	14.4

资料来源：河北省第二次农业普查主要数据公报（第三号）。

农村生态环境的保护工作，必须以一定量的资金作为支持。但是，由于环境保护尤其农村环境保护本身是一项公共事业，属于责任主体难以判断或责任主体太多、公益性很强、没有投资回报或投资回报率较小的领域，对社会资金缺乏吸引力，政府必须发挥主导投资作用。然而，长期以来，我国政府目前的农村环境保护的财政投入远远不能满足环境保护工作的实际需要。城乡二元经济结构导致了在环保领域同样也存在城市和农村间的投入不公平现象，城市与农村地区在获取资源、利益与承担环保损失上严重不协调。城市环境污染向农村扩散，而农村从财政渠道却几乎得不到污染治理和环境管理能力建设资金，也难以申请到用于专项治理的排污费②。这是造成农村环保基础设施落后的最直接的根源。

4. 农村居民环境保护意识较为淡薄

长期以来，由于环境保护的重点大都放在了城市、工业集聚地、自然保护区、风景文物保护区等，忽视了农村特别是贫困地区农村的环保问题。农民很难受到环保知识、政策、法规的学习教育，对环保常识了解甚少，导致

---

① 河北省统计局．河北省第二次农业普查主要数据公报（第三号），河北省统计局网站，http：//www.hetj.gov.cn/col1/col67/index.html？id=67.

② 苏杨．中国农村环境污染调查［J］．经济参考报，2006-01-14.

环境保护意识非常淡薄。就农民本身来说，他们的文化水平和素质总体较低，对环境危害的源头和危害程度往往认识不清，比较看重是有形的经济利益，而对潜在的环境危害往往忽略掉。在他们看来，只要生活水平提高了，一切问题都能解决，环境好坏是别人的事，对自己的生活并无多大影响。并且，他们认为只有工厂排毒排烟才叫做污染，而畜禽养殖、屠宰场和皮革作坊的行为都不叫污染。环境危机和环境保护意识十分淡薄，甚至没有。据研究，超过 1/3 的农民不知道农药对人体和环境是有害的，有 65% 的农民不了解虫害天敌或病虫综合防治等概念，84% 的农民会超过规定标准剂量用药。

总体来说，受收入水平的限制，不少农村居民在经营决策时优先考虑如何发展经济、提高收入，而忽略了对农村环境的需求，迫于生计往往急功近利，对自然资源采取粗放的、掠夺式的、不计后果的甚至是破坏性的开发利用。例如，在河北霸州的梅花味精污染事件中，村民虽然知道工厂排污有一定的危害，然而在企业做出一定的补偿之后，默许了企业的污染行为，但污水的排放对土壤、水体的污染是长远的，在短期内不可恢复，废气的排放对人体健康的污染也是长久的甚至致命的。与此同时，一些私营企业也普遍认为，只要对付好工商税务就可放心大胆地干，污染的环境对自己的经济利益毫无影响。正是基于此种原因，一些城市的重污染企业，就钻了农村居民的环境意识不强、政府执法力度不够的空子，逐渐由城市转往农村。

二、制度制约——农村生态环境恶化的深层原因

1. 农村生态环境建设的政策和制度缺失

（1）现有政策法规对农村生态环境保护的制约和影响。

改革开放以来，我国先后制定了包括《环境保护法》《农业法》《水污染防治法》《土地管理法》《森林法》《水法》《草原法》等各项法律以及《基本农田保护条例》《中华人民共和国水污染防治法实施细则》《建设项目环境保护管理条例》《排污费征收使用管理条例》《中华人民共和国农药管理条例》等在内的一系列环境保护法规和规章，这些法律法规都从保护生态系统

的某一侧面或某一单元对经济主体的生态环境行为进行了规范；同时国务院和国家环保部门还出台了一系列相关污染控制的标准，如《大气污染防治标准》《水污染防治标准》《噪声污染防治标准》《畜禽养殖业污染物排放标准》《灌溉水质标准》《渔业水质标准》等，对生产活动中的排放行为及各种污染物的排放标准做了明确规定。

近年来，随着农村环境污染问题的日益突出和农村环境形势的愈发严峻，国务院和相关主管部门针对农村环境污染的治理和环境保护问题陆续出台了一系列有关政策和法规。2007 年 11 月，环保总局、发改委、农业部、建设部、卫生部、水利部、国土资源部、林业局联合出台了《关于加强农村环境保护工作的意见》，对切实加强农村饮用水水源地环境保护和水质改善、大力推进农村生活污染治理、严格控制农村地区工业污染、加强畜禽养殖和水产养殖污染防治、控制农业面源污染、防治农村土壤污染、加强农村自然生态保护等方面提出明确要求，并就完善农村环境保护的政策、法规、标准体系，建立健全农村环境保护管理制度，加大农村环境保护投入，增强科技支撑作用，加强农村环境监测和监管，加大宣传、教育与培训力度等方面给出了相关的建议。2009 年 2 月 27 日，国务院办公厅转发环境保护部等部门《关于实行"以奖促治"加快解决突出农村环境问题实施方案的通知》（国办发〔2009〕11 号），2009 年 4 月 21 日，财政部、环境保护部进一步印发《中央农村环境保护专项资金管理暂行办法》的通知（财建〔2009〕165 号），明确2009 年中央农村环保专项资金的管理办法，引导各地加快解决农村地区严重危害群众身体健康的突出环境问题，推进社会主义新农村建设。

河北省政府也高度重视农村生态环境问题。2008 年 3 月，河北省人民政府办公厅印发了《关于加强农村环境保护工作的通知》，强调：①各级各有关部门要把农村环境保护工作摆上重要位置，采取有效措施，认真解决农村面临的突出环境问题，并明确具体目标；②加强农村饮用水水源地环境保护，推进农村生活污染治理，控制农村地区工业污染，加强畜禽、水产养殖污染防治，防治农业面源污染和土壤污染，加强农村自然生态保护工作，开展生态系列创建活动；③落实农村环境保护责任，加大农村环境保护投入，严格农村环境监督和管理，加大宣传教育力度①。

2010 年 7 月，河北省委、省政府办公厅印发《关于集中开展村庄环境综合整治工作的意见》，决定用三个月的时间，对省农村环境开展集中整治。以治理村庄"五乱一少"，即污水乱泼（溢流）、垃圾乱倒、粪土乱堆、柴草乱垛、畜禽乱跑，缺荫少绿为重点，切实解决农村环境的脏、乱、差问题。②

2011 年 1 月，《河北省"十二五"规划纲要》指出：在城乡统筹上实现新突破。增强城市建设发展对周边乡村的拉动作用，促进基础设施向农村延伸、公共资源向农村配置，逐步实现城乡公共服务均等化。建设饮水工程，年内解决 350 万农村人口饮水不安全问题。

上述法律法规和政策规章为我国深入开展环境保护和污染防治工作提供了较好的法律依据和政策支持。但就农村的生态环境保护和污染治理而言，尚存在许多不足和制约。

首先，我国现行的环境保护政策和法律法规是建立在城市和工业基础上的，绝大部分都是以城市环境保护为中心，并没有专门针对农村环境管理的规定，对城市向农村转移污染更是忽视。如现行的环境影响评价制度、"三同时制度"和限期治理制度在农村环境保护实践中难以有效推行；现行的排污收费制度在农村环境污染控制方面也不尽如人意。现有排污收费制度的收费对象为工商企业和个体户，而对于具有污染源分散、隐蔽，排污随机、不确定、不易监测等特点的农村面源污染，由于管理成本过高，要实现逐个监控和鉴定污染责任，既不现实也不经济。同时，在环境管理不严、污染物排放监测手段不强的条件下，许多乡镇企业不按实际排污量申报，存在着偷排、超排现象。因此，对于面源污染，排污收费制度显得无能为力。即使是一些针对农村环境保护的法规，如《畜禽养殖业污染物排放标准》《灌溉水质标准》《渔业水质标准》等的规定过于简陋，不利于实施和执行。另外一些法规如《大气污染防治标准》《水污染防治标准》《噪声污染防治标准》等的规定

---

① 河北省人民政府网. 河北省人民政府办公厅印发《关于加强农村环境保护工作的通知》（冀政办〔2008〕5 号），http：//www. hebei. gov. cn/article/20080416/963115. htm，2011 – 02 – 20.

② 中华建筑报. 河北：环境整治使农村面貌焕然一新，http：//www. newsccn. com/2010 – 07 – 27/11377. html，2011 – 02 – 20.

大多是针对城市的，在农村很难适用①。

其次，现行环境保护中很多优惠政策倾向于城市，如排污费返还使用、污水处理厂建设时征地低价或无偿及运行中免税免排污费、较大企业污染治理可申请财政资金并对贷款贴息等；农村不但没有类似的优惠政策，而且在污染转嫁到农村时得不到相应的补偿。近20年来，对农村的环保投入几乎为空白，甚至在排污收费用于环境建设的支出科目中都没有农村环境保护项目。由于农村污染治理的资金本来就匮乏，建立收费机制困难，又缺少扶持政策，导致农村污染治理基础设施建设严重滞后和良性运营的市场机制难以建立。

最后，目前有关我国农村生态环境保护的法规大多是政策性文件或部门规章，立法位阶较低，不足以成为执法部门执法的法律依据，许多实施环境污染与生态破坏行为的人或单位因此不能受到应有的法律制裁，也就无法有效地遏制破坏环境的违法犯罪行为和保护农村环境。而且，我国的环境保护法体系大都在计划经济体制下形成的，虽然涉及农业环境保护的法律条文较多，但规定过于笼统、原则性强、可操作性差，很难适应市场经济条件下调整、保护和管理涉及农村环境的各类社会关系，不利于环境保护政策、制度的开展和实施。如2009年7月1日实施的《河北省减少污染物排放条例》第五条规定"县级以上人民政府应当加强对减少污染物排放工作的领导，建立健全责任制，制订减少污染物排放工作的目标和年度实施计划，并将减少污染物排放工作的效果作为对所属相关部门和下级人民政府负责人进行政绩考核的重要内容。县级以上人民政府应当每年在财政预算中安排适当经费，用于保障减少污染物排放监督管理工作的开展，并建立健全政府、企业和社会多元化的投融资机制，制定并实施有利于减少污染物排放的经济、技术政策和激励措施，引导社会资金用于减少污染物排放工作"。第九条规定"县级以上人民政府应当鼓励和支持排污单位减少污染物排放。对减少污染物排放成效显著或者做出突出贡献的单位和个人给予表彰奖励"。上述这些条款只是针对县级政府的职责做了原则性规定，但却缺少必要的具体措施和明确规定，如用于减少污染的财政经费预算比例、如何激励减少污染物排放成效显著的

---

① 杨远超. 我国农村环境监管法律问题研究［J］. 重庆大学硕士学位论文，2010.

个人或单位，等等。因此，在实际执行中显然不能有效发挥其作用。一些环境法规，要么是法律责任缺失，如中国现行土壤污染防治的法律规范中没有有关法律责任的规定，对土壤污染主体几乎无任何约束，不用承担任何责任，这也使得一些在国外难以生存的污染工业迁移到中国；要么是法律责任不明确，致使法律的规定无法落实。如《农产品质量安全法》规定使用农业投入品违反法律、行政法规和国务院农业行政主管部门的规定的，依照有关法律、行政法规的规定处罚。但由哪个主管部门进行处罚规定却不明确。

（2）农村生态环境建设的政策和制度缺失。

目前，我国尚未建立农村环境保护的基本法，一些重要的农村环境保护领域还存在着立法空白。如当前急需解决的农村饮用水安全问题，农村生活污水、生活垃圾、畜禽粪便的随意排放导致的水污染问题，农药、化肥的大量使用导致的土壤污染等问题，区域性农村污水排放标准和垃圾分类收集与无害化填埋标准等尚缺乏相关必要的能够有效发挥作用的法规、条例和实施办法。这使得我国环保立法跟不上整个环保发展的趋势，不利于农村环境保护工作的开展。此外，还存在涉及农村环境保护的法规与改善农村环境的现实需要不配套或滞后的问题，对破坏农村环境违法行为的处罚力度远低于城镇，对损害农村环境的民事赔偿尚无法律依据，对农村环境损害的社会保险法规缺失。

农村生态环境建设的政策缺失还表现在现有的农村环境保护政策主要集中在命令—控制型环境规制措施方面，包括一系列法律法规和相关生产、技术标准，而缺乏在发达国家已经普遍运用的基于市场的经济激励型环境规制手段。尽管近年来随着农业污染形势的日益严峻和对农业环境的认识加深，国家和各省市相继采取了许多措施和实施很多工程加大对农村环境的治理和生态修复，如先后启动了退耕还林、退牧还草、天然林保护、京津风沙源治理以及推动农村沼气建设的专项资金项目等具有一定生态补偿性质的重大建设工程。但是这些举措基本都属于命令—控制型环境规制政策，是靠政府的行政命令和任务分解的方式加以贯彻的，缺乏长期的激励作用。

目前，发达国家普遍运用基于市场机制的经济激励型环境规制手段来解决农业生产污染问题及农村生态环境保护问题。如丹麦对农药、畜禽粪便实行的征税政策；日本对从事有机农业生产的农户提供了农业专用资金无息贷款，对堆肥生产设施或有机农产品贮运设施等进行建设资金补贴和税款的返还政策；美国政府为鼓励农民休耕或退耕土地给予经济补贴的政策；等等。

由此可见，农村生态环境建设制度和政策的缺失是导致城市工业污染向农村转移、农村公共物品供给边缘化以及农村环保意识不强的重要原因。

2. 地方政府盲目追求 GDP 的政绩考核观所致

根据《环境保护法》第十六条规定，各级人民政府对所辖区的环境质量负责。但目前在我国县乡政府政绩考核中，仍是以 GDP 为主要考核指标，缺乏环境治理目标的约束。由此导致各级地方政府都直接参与经济活动，以发展经济为首要任务。这种以经济目标为导向的压力型体制，以上级地方政府对下级地方政府官员的政绩进行数量化的指标考核为特征，下级地方政府官员要在规定时间内完成上级下达的产值和利润等各项经济指标，以作为评定政绩的重要标准。这使得各级地方政府缺乏环境保护的积极性，往往倾向于为了经济发展而容忍、祖护甚至纵容经济发展中污染破坏环境的行为，对环保部门的工作不予配合和支持。尤其在乡镇企业和种养殖业成为当地财税收入主要来源的地区，这种祖护污染行为的现象更加普遍。2009 年 5 月 7 日，中央电视台《焦点访谈》栏目曝光了河北某味精集团的严重污染事件。该公司位于河北霸州，离首都北京相距并不遥远，他们的污染行为非常典型：肆意向农田排放污水；刺鼻黑烟排入大气；在露天坑内倾倒工业废物。采访中一位地方政府官员居然说："找镇政府干什么？污染又不是镇政府让排的。"而某味精的领导更是反问道："污染？哪有什么污染？"在得知有人要向相关政府部门告状的时候，这个领导却狂妄地说："你们告去吧！"最令人感到震惊的是该公司在该地区倾倒污染物的行为没有受到任何惩罚。所有违法者都对自己的做法毫无顾忌。[①] 这一事件充分暴露出地方政府的环保意识不强，许多地方政府以发展经济为首要目标，认为促进经济发展、脱贫致富就是最大的功绩。近年来，随着农业与农村经济的快速发展，上述环境污染的事件也在

---

① 中央电视台《焦点访谈》，良田变成污水坑，http://news.cntv.cn/program/jiaodianfangtan/20100331/104373.shtml.

逐渐增多。和该味精厂一样，各地环境污染案件中的许多大企业都是当地"明星企业"，而地方各级政府部门又总是充当这些企业的保护伞。如，以其主导产品红霉素、盐酸四环素系列原料药规模占据世界首位、销售市场遍布世界各地，号称"亚洲第一"甚至"世界第一"的"明星企业"——宁夏某药业有限公司，既是当地的利税大户，也是当地的污染大户，公司长期以来缺乏必要的环保设施，恶意排放废气和废水，使周围数百万居民常年闻臭气、喝污水。自 2006 年以来，当地环保部门就不断收到群众对这家地处宁夏银川市永宁县境内的药业公司的投诉。仅 2007 年 1 ~ 7 月，有关这家企业的污染投诉就达 200 多件。但是，由于地方政府的保护，污染问题却迟迟得不到解决。①

事实上，目前有许多地区的基层政府对类似上述的企业污染环境问题都采取置之不理的态度，甚至加以"保护"。基于对自身政治前程的考虑，地方官员必然更加关注能够更多提供 GDP 的工商企业扩张，这不仅左右着一级政府的绝对政绩评价，也关系到其与邻近区域竞争对手间的政绩比较，从而对官员的职位升迁产生重要影响②。经济合作与发展组织（OECD）2007 年 7 月 17 日公布的《OECD 中国环境绩效评估》报告指出，中国"环境政策实施的最大障碍在地方"，因为"地方领导的政绩考核目标，提高地方政府财政收入的压力和对当地居民有限的责任与义务，都使得对经济发展的考虑优先于环境问题"。

3. 农村环境管理体制不健全，环境监管不到位

我国现行的环境管理采取的是"由国务院统一领导、环境保护部门统一监管、各部门分工负责、地方政府分级负责"的管理体制，由地方政府对辖区内的环境质量负责。目前，我国最基层环保部门是县一级环保机构，至今还没有正式的乡镇级环保职能部门。县级环保部门受监测能力弱、人员不足、机构不健全等条件限制，难以对遍布各乡、镇、村众多的乡镇工业污染源进行有效监督和管理。有资料显示，目前在全国 2000 多个县中，有 1/3 的县级

---

①② 张小蒂等. 市场化进程中农村经济与生态环境的互动机理及对策研究［M］. 浙江大学出版社，2009.

环保局还没有建立监测站，多数监测站的监测仪器和装备十分陈旧落后，甚至不如中学的实验室，在30000多个乡镇中，大多数没有环保员，基本处于无人、无经费、无装备的"三无"状态[①]，因而对农村环境难以实施有效的监管。

（1）环境监管主体缺失。

现行环境管理体制由于部门分散、地方分割、条块分离的现象比较严重，造成环境监管部门职责不明，环境监管主体缺失，各个管理职能部门配合不当等一系列问题，使环境管理低效和无效。农村环境机构的匮乏和环境保护职责权限的分割，导致"有利争着管，无利都不管"的尴尬局面，环保管理浮于表面。使环境管理制度的执行大打折扣，降低了对乡镇企业的环境监管力度。

此外，我国环境监管过度强调政府的职责，从而忽视了公众参与和基层环保机构的作用。村民委员会的监管缺失、农民参与环境监管的程度过低、社会环保组织和舆论监督的匮乏，都导致了农村环境监管工作不到位。在梅花味精污染事件中，地方政府既缺乏动力监管大型国有企业的环境污染，又缺乏足够的权力来监管企业的环境污染。而企业周边的农村居民既缺乏对污染的足够认识，也缺乏足够的能力来抗争，即使他们是污染的直接受害者。发生在2009年5月的梅花味精生产基地污染事件，至今令周边千亩农田荒芜，在这一事件中，政府、企业、居民都未能成为有效的监管主体，造成了环境污染问题的扩大化。

当然，这与城乡二元管理体制将农民的权益边缘化不无关系。同时农村环境资源的产权不明晰，使农村环境资源具有较强的公共物品的属性，势必造成环境利益分配不均，影响环境监管职能的发挥。而且，环境监管的成本较高，对个人来说收益较低，从而影响了各主体参与环境监管的意愿，直接导致了农村环境监管的效率低下。

（2）环境监管缺乏力度，执法情况不理想。

环境监管缺乏应有的力度，有法不依、执法不严等现象在农村环境监管

---

① 路明．我国农村环境污染现状与防治对策［J］．宏观经济管理，2008（7）.

中普遍存在，也是导致广大农村居民环保意识不强的一个重要原因。农村地区由于地域广阔，人口居住分散，许多地区交通不太便利，给环境监管工作带来极大不便，加大了生态环境执法的成本。与此同时，村民委员会的监管缺失、农民参与环境监管的程度过低、社会环保组织和舆论监督的匮乏，都导致了农村环境监管工作不到位，进而也影响了农村居民对环境保护的重视。

我国的环境管理体系是建立在城市和重要点源污染防治上的，对农村污染及其特点重视不够，加之农村环境治理体系的发展滞后于农业现代化进程，导致其在解决农村环境问题上不仅力量薄弱而且适用性不强。目前我国农村环境管理机构匮乏、环境保护职责权限分割并与污染的性质不相匹配，基本没有形成环境监测和统计工作体系，在统计工作中缺乏农村环境污染的相关指标，即在统计年鉴中并未体现农村的空气质量、污水排放等指标（仅有城市环境的相关统计指标），从而导致农村生态环境监督管理的不力和缺位。

事实上，由于环境行政管理体制存在缺陷和不足，缺乏乡镇基层环保机构，在实际操作中只好把对乡镇工业的环保职能交给当地乡镇工业办公室。而乡镇工业办公室为了完成其工业产值、销售额、利润等主要任务，盲目征用农田、对外来投资的建设项目"一路绿灯"去迎接城市转嫁过来的重污染企业，这种情况在中国广大农村地区相当普遍存在。

4. 农村生态环境保护的宣传和教育不足

由于受人力、资金条件限制，环保宣传教育还没有真正深入农村，在实施环境教育过程中，流于形式、敷衍塞责等，而这种现象在我国广大农村尤其是落后农村表现更为突出。群众环境保护的意识总体还不够强，许多群众往往会对涉及自身利益的环境违法行为进行举报或投诉，而对自身破坏或影响环境的行为缺乏自我约束。村级环保宣传机构尚不健全，难以充分调动可利用的宣传资源和设施，以达到持久、有效的宣传普及效果，直接影响了农村群众环境保护的意识的提高。在梅花味精环境污染问题中，农民多次找到企业和政府交涉无果，直至一封群众的举报信得到了《经济参考报》记者的重视，才将这件环境污染事件公之于众。可见，农村居民维护自身环境质量的道路是艰难的，这有待于加大对农村生态环境保护知识的宣传和普及，提高农村居民的环境保护意识，为农村居民维权提供更多途径。

三、总结

本章对环境污染的直接原因和深层原因的分析，可以归纳为以下图示。图 4 - 1 的箭头分别表示了深层原因和直接原因之间的相互关联。

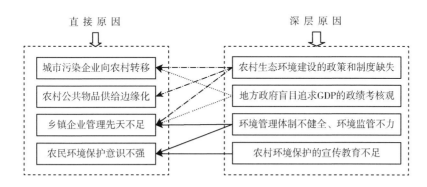

图 4 - 1　农村环境污染与生态环境恶化的原因分析

第一，由于现行环境保护制度和政策的重点为城市及工业企业，这是导致城市污染企业向农村的转移和乡镇企业管理存在缺陷的制度根源；与此同时，也使得国家有关环境保护的各项投入和优惠政策基本上针对城市及工业企业，而忽视了农村的环境基础设施建设和环保投入，导致农村公共物品供给边缘化。

第二，地方政府"唯 GDP"的政绩考核观，导致地方政府在环境管理方面出现"政府失灵"。招商引资、增加税收、追求政绩等利益驱动，使得广大农村基层政府既对许多乡镇企业的污染视而不见，放松管制，也对城市污染企业的转移来者不拒。

第三，现行环境管理体制存在的缺陷和不足，一方面，从客观上造成对乡镇企业和农业、农村地区的生产和生活污染问题监管不到位，环境执法缺乏力度；另一方面，也是导致农村居民环境保护意识不强、对环境污染"不以为然"的根本原因之一。

第四，农村环境保护宣传教育制度不完善、宣传教育机构不健全、宣传教育工作不足是导致农民环境保护意识欠缺的根源。

第五章
河北省农村生态环境建设政策需求分析

河北省各地虽然已经出台了一些关于农村生态环境保护的法律文件，但是比较分散，尚未形成适应农村生态环境建设实际需要的法律法规体系。2008～2011年，河北省各市制定的《农村环境综合整治规划》《生态市建设规划》《试点村庄环境综合治理方案》《实行"以奖促治"政策加快解决农村突出环境问题的实施意见》等法规文件虽然针对性比较强，但是从农村生态环境现状以及执行效果来看，这些政策还未充分发挥其应有的作用，其中农村生活污染治理、规模化畜禽及水产养殖污染治理、农业废弃物综合利用、土壤污染防治技术、农药和化肥面源污染防治等政策几乎还停留在纸质文件阶段。由于农村环境保护法规不配套，使现行的环境影响评价制度、"三同时"制度和限期治理制度在农村环境保护实践中难以有效推行。由于农村生态环境建设周期长、见效慢，地方政府部门和公众不愿把资金和劳动力优先投入于生态环境建设，使得我省农村环境保护工作主要依赖有限的政府补贴和行政监督，缺乏资金投入。因此，要根据农村生态环境建设问题量多面广、监督对象复杂、资金投入有限的内在特点和工作基础薄弱的实际现状，加强农村生态环境建设政策支持工作，出台一系列基础政策、核心政策和外围政策，推动实施农业与农村的可持续发展。

一、河北省农村生态环境建设总体目标

河北省要坚持治理、建设与保护、发展相结合的原则，在加大农村生态

环境治理和建设速度的同时，把保护农村生态环境、发展生态农业纳入法制化轨道；坚持因地制宜、分区施治的原则，根据不同资源、经济和社会条件，选择适合各地实际的建设和治理模式；坚持综合治理、突出重点的原则，集中力量治理农村生态环境；坚持生态建设与经济开发相结合的原则，把改善生态环境与发展优势产业和农民脱贫致富统筹谋划；坚持自力更生为主、国家支持为辅的原则，以地方和农民投入为主，以国家投入为引导，鼓励多种经济成分、多种所有制形式参与农村生态环境治理和建设。

根据《河北省生态环境建设规划》和《河北省农村环境综合整治规划》（2009~2015 年），河北省 2011~2015 年农村生态环境建设的总体目标是：2011~2015 年，利用 5 年左右时间，使河北省辖区内环境问题比较突出、严重危害群众健康的村庄治理数量进一步增加，力争使部分重点区域的村庄环境状况获得整体改善。通过生态环境建设，增加河北省村庄饮水污染治理受益人口数量，普及村庄饮水安全率，提高畜禽养殖废弃物处理能力和畜禽养殖废弃物处理率，新增农村生活污水处理设施数量，集中处理村庄生活污水，增加生活垃圾处理设施建设数量，实现村庄生活垃圾无害化处理。水土流失治理取得显著成效，生态环境和农业生产条件得到明显改善，农业生产步入可持续发展的轨道。到 2050 年，农村生态环境得到根本改善，资源综合利用率明显提高，人口总量得到有效控制，基本形成资源消耗低、环境污染少、经济效益高的可持续发展的生态经济体系。

二、河北省农村生态环境建设主要内容

要结合河北省各地资源布局和经济发展优势，调整产业结构，进行项目建设，提高经济效益和增加农民收入，加大基础设施建设力度，改善经济发展环境和人居环境，构建协调发展的农村生态经济体系、可持续利用的资源体系、舒适优美的环境体系，促进经济、社会与人口、资源、环境的协调可持续发展。

河北省农村生态环境建设应以村庄环境综合整治为突破口，根据辖区内不同类型农村环境问题的主要集中区域，合理选择村庄开展治理。在同类问

题影响区域内，根据治理问题的紧迫性、影响范围和严重程度，优先选择群众反映强烈、经过集中治理能够见到成效的村庄。农村生态环境建设和村庄环境综合治理的主要内容包括：

1. 村庄饮用水安全保障建设

包括农村饮用水水源地保护区、饮用水水源地污染源治理、排污口拆迁、污染水净化处理等。组织开展城镇饮用水水源地环境状况调查，科学划定和调整农村饮用水水源保护区，依法取缔饮用水水源保护区内的排污口。抓紧建立和完善城镇饮用水水源地环境监测体系，定期发布水质监测信息。实施集中供水，配套建设自来水管网，使村民能够喝到安全卫生的饮用水。

2. 畜禽养殖污染治理

包括村庄散养畜禽污染集中治理等。合理确定畜禽养殖规模，科学指导畜禽养殖业合理规划布局。对新建、改建、扩建的规模化畜禽养殖场要严格执行环评和"三同时"制度，对现有规模化畜禽养殖场进行限期治污改造，采取粪便堆肥、沼气等综合利用措施，使畜禽养殖污水能够达标排放，粪便得到综合利用。

3. 村庄生活污染治理

围绕创建文明村镇、加强村容村貌建设、村庄环境整治、饮用水安全达标、环境卫生整治、农宅建设等为主的基础设施建设，推动生态乡、镇建设。包括村庄生活污水处理设施、生活垃圾收集、转运和处理设施建设等。针对农村生活垃圾乱堆乱放、污水乱流等造成的污染，通过采取建设垃圾填埋厂（垃圾转运站）、小型污水处理设施、沼气池等措施使村庄生活污水和垃圾得到妥善处理。

4. 加强工矿企业污染治理

包括责任主体已灭失企业遗留的"三废"（废水、废气、废渣）污染治理等。加大环境执法力度，加强环境监督管理，狠抓农村地区工业企业污染减排，完善污染防治设施，使企业做到稳定达标排放，不能达标排放的企业一律限期治理、限产限排直至关闭。优化调整产业发展布局和小城镇建设规划，严格环境准入制度，淘汰污染严重的落后生产工艺和设备，防止"十五小"和"新五小"等企业在农村地区死灰复燃，防止污染由城市向农村地区转移。

5. 农业生态环境建设

制定和完善相关法律、法规，建立健全执法队伍，依法加强对农业生态环境的监督管理。逐步减少对水体、土壤有着严重污染、残留量高的农药及化肥的使用，按照农业产业结构调整和农民增收的要求，分区域、分步骤、有重点地开展无公害农产品示范基地建设，减少农业生产对环境的污染。相关部门要加强合作，进一步加强农业环境、渔业水域、草原牧区的监测体系建设，加大环境监测力度，定期对农产品实行抽查，加强农产品原产地追溯管理制度的建设与监管。

6. 发展农业循环经济，提高秸秆综合利用率

积极发展农业循环经济，加强种植业与养殖业结合，提高秸秆综合利用效率。充分利用广播、电视、报纸等媒体，宣传秸秆综合利用和禁烧的技术途径、重要意义、规定要求、相关法律法规等内容，切实增强群众的法制观念和自觉意识，从源头上杜绝秸秆焚烧。建设秸秆综合利用示范田，推广小麦秸秆捡拾打捆、玉米硬茬播种、玉米秸秆机械粉碎还田等技术，加大秸秆还田力度，增加耕地有机质含量，提高农作物产量。大力普及农村沼气建设，积极发展适合农村特点的清洁能源，优化农村的能源消费结构；鼓励条件成熟的农村建设集中供热、供气设施，降低煤烟排放量，改善农村大气环境质量。

7. 加强坝上高原的风沙源治理

严格管护具有重要生态功能的草原，对毁草开垦的耕地和废弃地，限期退耕还草和种草，实行草场禁牧期和轮牧制度，加快退化草场恢复。

8. 加强山区的水土流失治理

强化森林生态功能，积极构建森林绿色屏障。建立健全森林火灾、病虫害防御体系，提高管护水平。大力推进人工造林、封山育林为主要内容的生态公益林建设，对重点生态功能区进行恢复和重建，以改善植被和土被状况，启动生态系统的自我修复能力。

三、河北省农村生态环境建设政策需求分析

1. 政策需求总体状况分析

我国农村环境立法落后，农村生态环境建设立法基本上属于空白区域，现有的环境保护体制和法律法规体系无法从根本上解决农村生态环境建设的突出矛盾，因此制定一系列农村环境建设政策具有重大意义。为了适应《中共中央国务院关于推进社会主义新农村建设的若干意见》中关于建设资源节约型、环境友好型的社会主义新农村的战略要求，贯彻环境保护部《关于实行"以奖促治"加快解决突出的农村环境问题实施方案的通知》，落实《河北省实施"百乡千村"环境综合整治三年行动计划》，河北省需建立农村生态环境建设法规政策体系，促进广大农村的生产生活条件和整体面貌明显改善，最终实现城乡统筹协调发展，建设环境友好型社会。

（1）政策涵盖的领域。

河北省农村生态环境建设的支撑政策应涵盖以下领域：农业面源污染控制，农村生活污染控制，农村工业污染控制，发展生态农业与农村循环经济，农村新能源开发利用，森林、草原开发与保护等。具体包括如下制度：农业生态环境监督管理制度，农村生活垃圾管理制度，农药、化肥使用制度，人畜粪便管理制度，秸秆综合利用制度，农村生活用水排放与饮用水安全监测制度，村容村貌管理制度，畜禽养殖业污染控制制度，工业污染物稳定达标排放制度。通过以上制度安排，实现"农村废弃物资源化、农业生产无害化、城乡建设一体化、经济发展生态化"，优化农村生活环境、生产环境、生态环境和投资环境。

（2）政策法规形式。

政策一词的含义是指"国家、政党为实现一定时期的任务和目标而规定的行动依据和准则"。就环境政策而言，是政府管理机构为实现可持续发展的目标和任务，用以规范、引导企业和家庭进行环境保护和减少环境污染活动而制定的一系列准则和指南。因此，从政策表现形式上，各类政策既可以是法律法规，也可以是规章制度、指导文件、标准、规划和实施细则等。如，

目前河北省农村生态环境建设急需出台农村生态环境建设条例与实施细则，发布农村生态环境管理技术指南，制定农村生态环境标准，编写农村生态环境保护监管手册，从制度上、技术上和监管上实现有法可依。其政策内容包括：指导思想，总则，农村生态环境的组织机构、管理体系、经费保障，农村生态环境保护的措施，监督管理，法律责任等。考虑到各地的资源禀赋、经济发展基础、传统产业等因素，允许各地制订具体的实施细则。

（3）具体政策手段。

环境政策的手段类型通常有两种：一种是行政规制或直接控制型，即行政手段。通过设定环境标准，制定和实施环境资源法律法规，以实现污染控制和环境保护的手段。如，制定《农村工业废水、废气的污染物排放标准》《规模化畜禽养殖场的建设标准》等，以实现污染的控制和环境保护。

另一种是基于市场机制的间接调控型，即经济手段。包括：市场创建手段，如试点排污权交易；环境税费政策，如环境税、排污收费、使用者付费；金融和资本市场手段，如绿色信贷、绿色保险；财政激励手段，如对农村环保技术开发和使用给予财政补贴，对污染减排行为进行财政奖励，探索实施对化肥使用者征税、给农家肥使用者奖励或补贴；以生态补偿为目的的财政转移支付手段。

2. 政策需求具体分析

（1）农村生态环境建设总体规划。

河北省11个市应编制以下农村生态环境建设总体规划：

①农村环境综合整治与生态村建设规划。通过规划的制定，为治理农村普遍存在的畜禽养殖污染、饮用水污染、生活污水排放、垃圾污染等问题提供政策依据和治理思路。按照"生态县—生态示范区—环境优美乡镇—生态村"的建设思路，在经济条件相对较好、有一定基础的村庄开展环境综合治理，加强道路硬化、院街净化、村庄绿化建设引导农户开展节能以及新能源综合利用，全面提高村庄环境质量，创建示范村；在经济欠发达、村庄环境基础较差、典型环境污染问题显著的村庄，有针对性地开展水源保护、污水垃圾处理、畜禽污染处理等单项治理；结合新民居建设，推动农村环境综合整治工作。

②生态农业区建设规划。依据各市自然环境、生态功能、经济社会发展的实际状况，完善农业功能区划，打造生态环境治理工程，防治农业面源污染和土壤污染，通过强化政策法制、组织机构与管理、资金政策、技术与信息、宣传教育和公众参与等保障措施，构建生态农业区。

（2）农村生态环境建设基础制度。

针对河北省现行农村生态环境建设的基本法律制度零散、不全面，从而导致制度缺位、执行不力的状况，应尽快建立农村生态环境建设的基础制度。由于农村环境管理机构缺乏，未形成有效的行政管理工作体系和管理措施，因此应将农村环境污染防治纳入年度考核范围，制定农村生态环境建设规划，建立农村环境保护责任制，强化农村环境服务与执法力度。基础制度包括：

①完善排污许可证制度。规定排污许可证由地方环境保护行政主管部门审批和发放，适用范围是排放废水、废气污染物以及在工业生产中产生噪声污染和产生工业固体废物和危险废物的农村工业企业。农村工业企业应如实提交申请材料，反映真实情况。环境保护行政主管部门应当审查材料、举行听证会，并将颁发排污许可证的情况和企业主要污染物排放情况定期向社会公布。

②完善排污费征收制度。进一步健全完善河北省排污费征收、管理和使用制度，财政和环保部门应尽早研究制定符合农村工业企业实际的排污费征收、管理和使用机制，研究排污费征收标准，改进污染物排放监测手段，加强污染源自动监控设施建设，准确核定排放量，加强排污费的征收管理。建立排污量和排污费缴纳情况公告制度，积极开展排污费征收情况稽查，细化资金的使用范围。

③完善环境影响评价制度。建立农村生产生活方式环境影响评价制度，把农村生产生活方式纳入环境影响评价的对象范围，明确评价目的，确立评价主体，设立特定的评价机构，在调查的基础上进行环境影响识别和评价，编写环境影响报告书（表）并公布于众。将农业开发和建设活动纳入环境监管范围，对其开展环境影响评价，评价内容除了包括传统的水、大气和固体废弃物，也包括土壤、农业生态系统安全、食品安全和生物安全。

④建立农村生态环境建设规划制度。制定农村生态环境建设规划，将之

纳入农村发展总体规划中。具体内容包括：结合河北省实际，发展生态农业、有机农业和节水农业；围绕新农村建设和创建文明村镇的要求，进行村庄环境整治、饮用水安全达标、生活垃圾和生活污水处理为主的基础设施建设；治理农村工业企业环境污染，减少"三废"排放，对不符合环保标准的项目，不审批用地、不办理工商登记、停止信贷乃至依法取缔；防止城市淘汰的项目向农村扩散转移；建立健全有利于环境保护的价格、税收、信贷、贸易、土地和政府采购等政策体系。

⑤建立农村清洁生产促进实施制度。推广和实施生态农业模式、秸秆还田与综合利用技术，采用病虫害物理防治技术与生物防治技术相结合的科学防治病虫害的方法，使用可降解、易回收的环保农膜，集中处理农业投入品废弃物；对畜禽养殖废弃物采取沼气发酵、堆肥处理等方法进行综合利用；农村生活垃圾建立"分类回收、集中处理"制度；农村生活污水要采用各种技术进行无害化处理；建立农村清洁生产奖惩制度；农业行政主管部门负责农村清洁生产的组织与实施、监督与管理工作。

⑥建立农村生态环境建设考核与问责制度。制定农村生态环境建设工作考核办法，由省级行政主管部门负责对市（县）生态市（县）组织体系建设、生态市（县）建设规划和计划制定实施、建设效果和年度建设工作任务完成情况进行年终考核。考核结果作为市、县领导干部政绩考核内容之一，同时作为奖励问责、选拔任用的重要依据。

⑦建立农村生态环境监测制度。建立省、市、县高效、快速的农村生态环境监测体系，包括省、市农业生态环境质量监测中心和监测网点，研究制定农村环境监测与统计方法、农村环境质量评价标准和方法，开展农村环境状况评价工作。加强基本农田、重点区域环境质量监测，开展农业污染事故应急监测，对农村工业企业环境污染实行动态监测。加强农村饮用水水源保护区、自然保护区、重要生态功能保护区、规模化畜禽养殖场和重要农产品产地的环境监测。

⑧建立农村生态环境信息公开制度。在国家《环境信息公开办法（试行）》的基础上，定期向公众公开政府和企业关于农村环境的信息，推动公众参与农村环境保护。

（3）农村生态环境建设重点领域的政策。

①农业土壤污染防治政策。我国现行土壤污染防治法律条款分布比较零散，缺乏对农业用地土壤污染防治的专门性、针对性和系统性规定，并且未规定法律责任主体，未设定法律责任。因为农业生产经营组织和农业生产者不用承担土壤污染修复或赔偿责任，所以造成化肥和农药的过度使用。从国家层面来看，应制定"土壤污染防治法"，完善土壤污染防治的法律、法规体系；河北省则应制定相应的配套政策，加强土壤污染防治的宣传与科普工作，履行政府在农业用地土壤污染防治过程中的监督、指导职责，建立健全农药、化肥、农膜的标准体系，加强对农药、化肥及其废弃包装物，以及农膜使用的环境管理。

②村庄基础设施建设政策。河北省各地要结合本地实际制定"村庄环境综合整治评价标准"，对通村主干公路标准、村内主干道硬化标准、村内主干道及公共场所路灯亮化率做出明确规定；规定各村庄建立完善的给水、排水系统，实现自来水入户；制定保护村域内水面的措施，保证水质达标；对农户建沼气池、改厕、改圈、改灶率做出规定；健全村内保洁制度，建设垃圾收集点及垃圾废旧物处理设施。

③农村工业点源污染防治政策。制定"河北省乡镇企业环境污染防治规划"，明确促进农村工业调整产业结构和发展方向的政策、农村工业企业实施清洁生产的政策、工业园区规划和发展政策、防止城市污染企业转移到农村的政策、农村工业企业合理使用土地和水源的政策、农村工业企业环境监管政策。

④农村畜禽养殖业管理政策。制定"加强畜禽养殖业污染防治推进生态畜牧业发展的意见""规模化畜禽养殖场环境保护规范"，对畜禽养殖废弃物的管理进行规划，将畜禽养殖业的环境管理纳入建设项目环境管理办法、排污收费管理办法以及环境影响评价法的管理范畴，建立健全养殖场建设环保审批制度、排污申报制度和排污许可制度。制定畜禽养殖业发展规划，对养殖小区的场址选择、布局、生产与管理等进行规划指导，实现标准化、规模化、环保化。制定对畜禽粪尿排泄物的无害化处理和综合利用的扶持政策，向养殖户提供环保技术服务和信息咨询，在财政税收方面给予扶植。

⑤农村饮用水安全保障政策。出台农村水资源保护和利用规划、农村集中饮用水水源保护区分级管理办法、农村供水设施改造和建设规划；细化农村水污染防治条例；建立各级地方政府对农村水污染防治设施的负责制度，将建下水道和污水处理设施的经费纳入地方政府财政预算；明确卫生防疫站和环境卫生监测站的法律地位和职责；制定对农村饮用水的全程监控制度；制定处理突发水污染事故应急预案。

⑥提高秸秆综合利用率政策。包括秸秆综合利用政策和秸秆还田政策。结合国家的秸秆禁烧和综合利用管理办法，结合河北省实际，出台河北省农作物秸秆综合利用规划，完善农作物秸秆处理及综合利用实施方案，制定关于农作物秸秆综合利用宣传工作的实施意见和奖惩政策，促进秸秆综合利用。制定农作物秸秆机械化还田及综合利用规划，出台对农作物秸秆机械切碎还田的补贴政策，明确补贴标准、补贴对象和有关申请补贴的流程。

⑦生态农业发展政策。我国发展生态农业的政策仍存在许多不足，例如，规范性和管理性的政策居多，缺乏必要的经济政策（包括出台奖励使用有机肥的政策）支持生态农业建设，缺少国家层面和省级层面的政策支持体系；针对无公害农产品的政策居多，对于观光型的生态农业支持不足；生态农业技术支持体系、服务体系缺乏；实施生态农业地区的土地利用政策需要改进。

（4）农村生态环境建设技术规范制定与推广政策。

根据农村环境污染状况，采取农民易于接受的形式，制订农产品安全生产与监控、农村生活污染防治、畜禽养殖业污染防治、秸秆综合利用、水产养殖污染防治、农药化肥面源污染防治、土壤污染防治等生态环境保护技术手册，推广植被恢复和建造技术、区域综合治理和综合发展技术、优良畜禽（作物）品种选育及高产高效饲养（栽培）管理技术、生物综合防治技术、畜禽粪便与秸秆等农业废弃物的资源化、能源化利用技术、绿色食品与有机食品的生产配套技术；组织农业科技服务专家队伍，在农村中普及环保法律法规和科技知识。

第六章
河北省农村生态环境改善意愿调查分析

一、调研概况

1. 调研背景

河北省地处华北地区东部，地势西北高、东南低，由西北向东南倾斜。地貌复杂多样，高原、山地、丘陵、盆地、平原类型齐全。其自然地理环境为：北部为坝上高原，高原南侧为弧形分布的燕山、太行山山脉，东南部为广袤的平原；平原、山地、高原自东南向西北排列，井然有序，其面积分别占全省总面积的 30.5%、37.4%、17.8%（包括丘陵）[①]，是京津及华北地区重要的生态屏障。

近年来，河北省以发展县域特色主导产业为重点，积极推进农业产业化、现代化和新农村建设，取得了显著的成绩。但随着农村经济的发展，农村的建设规模迅速扩大，农村环境问题应运而生。由于大力发展畜禽养殖带来的畜禽粪便污染、农村水污染、大量使用化肥、农药导致的土壤污染以及随着农村生活水平提高和改善而增加的农村生活垃圾和生活污水污染等问题，不仅直接影响农村居民的生活和身体健康，而且严重制约和影响了河北省农村经济社会的可持续发展。很多农村"垃圾靠风刮、污水靠

---

① 河北省统计局.2009 年河北省经济年鉴［M］.中国统计出版社，2009.

蒸发"，缺乏必要的集中处理设施，农村环境污染问题没有得到相应的重视。

农村的生态环境保护不仅是关系到广大农民、农村、农业的可持续问题，同时也是关系到整个社会和谐发展的重大问题。大力推进农村生态环境建设，是实现农业可持续发展的战略基础，更是推动国民经济持续稳定良好运行的保障。而开展农村生态环境建设必须从农村生态环境的现状出发，摸清问题，才能有效地解决问题。为此，本课题通过对河北省部分农村地区（石家庄）进行实地调查研究，了解目前农村的环境状况，以及通过对村民的问卷调查了解村民对于环境污染的态度和对于保护和改善环境的意识及其支付意愿，从而为政府制定改善农村环境的政策和制度提供一定的参考价值。

2. 调研方法及过程

本课题的调研主要采取了以下方法。

（1）直接访问法。由课题组成员直接到农村进行现场考察和访问，直接与被调查者接触，并通过发放问卷对有关农村环境污染现状、环境保护设施以及环境保护意愿等信息进行调查。本课题的实地调研中，主要采取了有选择地对部分农户进行访谈的形式了解情况，课题组成员通过实地走访河北省馆陶县魏僧寨镇后符渡村，对当地的生态环境状况进行了考察和调研。

（2）问卷调查法。课题组针对石家庄周边部分村落，通过发放问卷对有关环境污染现状、环境保护设施以及环境保护意愿等信息进行了调查。本次调研地点选取了离石家庄较远的 2 个村庄，共发放了 110 份问卷，统计之后有效问卷 97 份，问卷有效性 88.18%。

（3）意愿价值评估法。围绕农村环境价值评估以及农村居民对环境保护的支付意愿的调查分析采用了意愿价值评估法。意愿价值评估法，是一种基于问卷调查的评估非市场物品和服务价值的方法，利用调查问卷直接引导相关物品或服务的价值，所得到的价值依赖于构建（假想或模拟）市场和调查方案所描述的物品或服务的性质。这种方法被普遍用于公共物品的定价，公共物品具有非排他性和非竞争性的特点，在现实的市场中无法给出其价格。

环境物品是个很好的例子，对其经济价值的评估是意愿调查的一个重要应用。本课题的研究采用随机抽样、直接入户调查的方法，设置了问卷，样本量确定为110份，并在石家庄周边的方村和正定县的新安村，随机找了110名村民进行调查。

二、农村生态环境状况（邯郸地区实地走访情况）

项目组通过实地走访河北省邯郸地区的部分村落，对当地的生态环境状况进行了考察和调研。

调研时间：2011年3月6日

调研地点：河北省馆陶县魏僧寨镇后符渡村

1. 农业生产活动导致的污染

（1）农药污染。馆陶县作为全国的棉花主产区，在棉花的种植中大量使用农药。此外，玉米、蔬菜等作物病虫害严重，也需使用农药。农药直接污染了粮食、水果、蔬菜，并间接对土壤、空气、水体造成了污染。

（2）化肥污染。通过调查了解到当地无人使用农家肥，所有的农户均使用化肥，例如磷酸二铵。

（3）农膜污染。各家各户的蔬菜大棚均使用聚乙烯农膜，用完后随意丢弃在田边或者大街上。

（4）秸秆处理。普遍采取焚烧，造成大气污染；或者丢弃在田边。

（5）畜禽养殖业污染。馆陶县是中国有名的蛋鸡之乡。蛋鸡养殖采用散养方式，鸡舍建在农田边或者庭院内。家畜养殖占用耕地和庭院。猪粪、鸡粪随意倾倒在公路两侧。畜禽乱跑，粪土乱堆。

2. 农村居民的生活污染

（1）垃圾随意倾倒。塑料袋、废弃的蜂窝煤、生活垃圾、卫生所的医用垃圾、建筑垃圾、农膜随意倾倒在村边水塘、大街上、农田边，侵占土地，形成垃圾围村现象。

（2）生活污水排放。由于当地缺乏污水处理设施和排水管道，生活污水随意排放到大街上。

3. 工业污染方面

当地的主要工业产业是轴承加工，由于缺乏污染处理设施，所以废渣随意堆积，废水任意排放。

4. 环境管理方面存在的问题

缺乏治理资金、管理机构和检测手段，法律体系不健全。

三、农村居民改善环境的支付意愿调查分析——基于石家庄地区的调研

1. 调查问卷基本情况

（1）调查问卷的设计。

调查问卷是意愿调查价值评估法所使用的评价工具，问卷设计的好坏是调查成败的关键。在我国这样的发展中国家，调查问卷的设计对于意愿调查法的成功实施显得更为重要。问卷设计是通过两次预调查之后的修改最终确定下来的。通过预调查检验了问卷设计的合理性，主要是与支付意愿有关的问题能否被调查者理解和接受。

石家庄农村改善环境支付意愿的调查问卷由 3 个主要部分组成。第一部分是关于被调查者的社会经济情况的调查，主要包括被调查者的基本信息如性别、年龄、文化程度、被调查者的家庭人均年收入等；第二部分是对农村环境的基本情况的调查，包括农户对于农作物秸秆的处理及平时生活垃圾和污水的处理情况等，并询问了村民关于农村环境状况的满意度；第三部是居民对改善环境质量的支付意愿的调查，包括是否愿意为当地环境的改善和治理支付一定的费用，愿意支付的金额以及支付方式等，如果不愿意支付的话，不愿意支付的原因，等等。

（2）调查问卷的发放。

本次调研地点是选取离石家庄较远的 2 个村庄，随着城镇化的推进，有些农村的生活习惯和生活方式都在向城市居民的方式转变，如果离市区较近的话会使调查结果产生一定的误差。本研究发了 110 份问卷，统计之后有效问卷 97 份，问卷有效性 88.18%。产生无效问卷的主要原因是问卷填写不完

整。在调查过程中，由于一些被调查者文化水平偏低，加之语言不通，不能马上理解问卷中的问题而离开，这种情况在对女性和年龄较大的老人调查中表现得尤为明显。同时，在调查的过程中，有一些村民自己家中已经没有土地，有些调查的问题没有办法作答，为了不影响整体的调研效果，对于这部分问卷也是有选择性地进行了剔除。

2. 调查结果分析

（1）调查样本的特征分析。

通过统计调查问卷，可以看出（见表6-1）调查对象的性别分布比较均匀，男性比例54.6%，女性比例45.4%，男性所占比例比女性比例稍大一些。调查对象的年龄分布主要集中在31~50岁，在此区间的样本数占到总样本的51.5%。通过对农村村民文化程度的调查发现农村里村民的文化水平偏低，文化程度是高中和中专的占到了38.1%，大专的占到了4.1%，本科及以上只有1%的比例。

表6-1 调查样本的特征统计

变量	变量属性	样本数	比例
性别	男	53	54.6%
	女	44	45.4%
年龄	18~30岁	26	26.8%
	31~50岁	50	51.5%
	50岁以上	21	21.7%
文化程度	文盲	2	2.1%
	小学	21	21.6%
	初中	32	33.1%
	高中、中专	37	38.1%
	大专	4	4.1%
	本科及以上	1	1%

（2）村民收入情况分析。

从调查样本的收入情况来看（见表6-2），居民的收入水平大多集中在1万~2万元，在这个收入水平的村民占到了调查数量的49.5%。

表6-2　　　　　　　　　　　　调查样本收入情况

项　目	1万元以下	1万~2万元	2万~3万元	3万元以上
样本数	17	48	27	5
比例	17.5%	49.5%	27.8%	5.2%

（3）农户对农作物秸秆处理情况。

对农户处理农作物秸秆方面的调查结果显示，所调查的所有村民都已经不再直接焚烧农作物的秸秆。在处理农作物的秸秆的方式上有一定的差距。

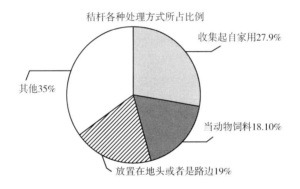

图6-1　秸秆的不同处理方式所占的比例

由图6-1的调查结果可以看出，现在农民处理秸秆主要是粉碎还田，作为一种天然的肥料，运用此类方法的农民大概占到了35%，另外还是有27.9%的农民将自己农作物的秸秆收集起来留着自己用。

（4）农户生活垃圾及污水的处理情况。

在农村没有统一的垃圾桶，没有相关的环卫人员随时清扫，所以在农村比较突出的问题就是生活垃圾的处理。对于样本的调查情况如图6-2所示。

随着农村经济生活水平的提高，人们也开始关注自己的生活环境。在村里有84.5%的村民会把日常生活中的垃圾送到村里统一的垃圾场，在实地调研的过程中，课题组成员到了村里统一的垃圾场，发现所谓的垃圾场仅仅是村里的人们倾倒生活垃圾的露天地方，而且没有专门的人员负责垃圾场附近垃圾的清理。垃圾场附近的环境相对于村里的其他地方都要差一些。

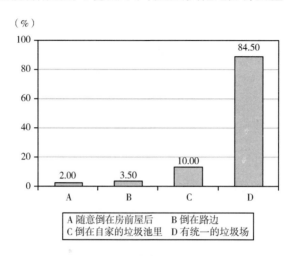

（%）

A 随意倒在房前屋后　　B 倒在路边
C 倒在自家的垃圾池里　D 有统一的垃圾场

图 6－2　生活垃圾的处理情况

（5）生活污水的处理情况。

随着农村经济的快速发展，农村生活污水排放量增大，使农村地区的环境状况日益恶化，农村的环境质量明显下降，直接威胁着广大农民群众的生存环境与身体健康，制约了农村经济的健康发展。通过实地调查（见图 6－3）发现，在调查的样本中有 13.40% 的村民会把日常生活的污水随意地倒在路边，有 13.40% 的村民会把日常生活污水倒在自己的院子里，57.70% 的村

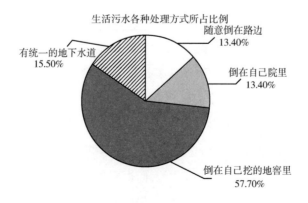

生活污水各种处理方式所占比例

随意倒在路边
13.40%

有统一的地下水道
15.50%

倒在自己院里
13.40%

倒在自己挖的地窖里
57.70%

图 6－3　生活污水的处理方式

民自己家里有旱井，把日常的生活污水都倾倒于旱井里，让其慢慢地渗到地下。有 15.50% 的村民称村里有统一的下水道。根据项目组成员在村内的实地走访发现，村内没有相应的下水道系统，生活污水基本上就是倾倒于自家挖的旱井里，而且都是不经过处理的。

做好农村生活污水的处理，关系到农村生活污水无序排放现状的改善，有助于改善农村生态环境，提高农民生活水平，加快社会主义新农村建设，促进农村经济和社会的可持续发展。

（6）被调查地区污染现状的调查。

对于被调查地区的污染情况进行调查过程中，主要是询问村民当地污染的类型有哪些，同时他认为的最严重的污染是哪　种。调查结果显示，在调查的样本中有 4.1% 的村民认为当地没有环境污染，自己所处的生活环境还可以。有 39.2% 的村民认为自身生活的地方有两种以上的污染，主要的污染就是空气污染和垃圾污染。41.2% 的村民认为最严重的污染是空气污染，有 37.1% 的村民认为当地最严重的环境污染是垃圾污染。在实地调查过程中，可以看出，农村还是存在着比较严重的空气污染和垃圾污染。在农村农用机动车较多，而且村内的一些小路没有经过硬化，当有车经过时就会有大量的灰尘，严重污染周边的环境。同时，现在农村大部分村倾倒的生活垃圾都没有相关的工作人员及时地清扫处理掉，当遇到有风或者是雨天，这些垃圾就会到处都是，影响农村的生活环境。

（7）支付意愿和原因分析。

表 6 – 3　　　　　　　　　　　　支付意愿情况

愿意支付	48.5%
不愿意支付	51.5%

由表 6 – 3 支付意愿情况的调查结果可知，调查的样本中 48.5% 的村民愿意支付改善环境的费用，但是不愿意支付的占到了调查样本的一半以上。在同意支付的样本中，女性愿意支付的比例为 48.9%，男性愿意支付的比例 51.1%，女性的支付意愿略微低于男性。从年龄上来看，年龄在 31～50 岁这个年龄段的支付意愿最大，为 55.3%，年龄在 18～30 岁这个年龄段的村民占总愿意支付的比例为 28.8%。从调查结果中可知，支付意愿与年龄有一定的

相关性。

表 6 – 4　　　　　　　　　　　　　不愿意支付的原因

不愿意支付的原因	占拒付总人数的百分比
应由政府支付成本	70.2%
个人经济水平难以负担资金支出	17.1%
当地的环境好坏对我没有任何影响	2.1%
其他	10.6%

表 6 – 4 的调查统计结果显示，农民不愿意支付的主要原因是其认为改善环境所需的成本应该由政府支付，其所占的比例为 70.2%；其次，就是由于个人经济水平难以负担资金的支出，占的比例为 17.1%，也就是说被调查者认为自身的收入水平太低，不想有其他的支出。对于因为其他原因而不愿意支付的，主要是因为被调查者认为对于环境的污染的改善成本应该由当地政府和所在地的企业来承担。他们认为当地的环境之所以会污染主要的原因归结于企业生产所产生的污染。

3. 支付意愿影响因素的实证分析

（1）模型的选择与设计。

Logistic 回归是对定性变量的回归分析，根据因变量取值类别的不同，Logistic 回归可以分为 Binary Logistic 回归分析和 Multinomial Logistic 回归分析。前者因变量只能取两个值 1 和 0（虚拟变量），而后者因变量可以取多个值。根据本研究的需要，人们只有愿意或者不愿意支付环境治理费用两种行为，所以选择第一种回归分析。因变量是否愿意支付环境治理费用（Y）只取 0，1 两个离散值；自变量以年龄（X_1）、性别（X_2）、文化程度（X_3）、人均年收入（X_4）、对居住地区卫生的满意程度（X_5）、当地环境污染对村民的影响（X_6）、愿意支付治理费用的高低（X_7）表示，μ 为随机误差项。建立经济计量模型为：

$$Y = \alpha_1 X_1 + \alpha_2 X_2 + \alpha_3 X_3 + \alpha_4 X_4 + \alpha_5 X_5 + \alpha_6 X_6 + \alpha_7 X7 + C + \mu$$

（2）变量定义及特征描述。

首先对被解释变量和 7 个解释变量分别进行赋值，如对被解释变量"是否愿意支付环境治理费用（Y）"进行赋值，如果回答"愿意"，赋值为1，如果回答"不愿意"，赋值为0；对被解释变量及解释变量的相关说明如表6-5、表6-6所示。

表6-5　　　　　　　　　　实证模型被解释变量说明

变量名称	变量说明
被解释变量：支付意愿	1＝愿意；0＝不愿意

表6-6　　　　　　　　　　实证模型解释变量说明

变量名称	变量说明
年龄	被调查者的年龄（岁）
性别	1＝男；0＝女
文化程度	1＝小学及以下；2＝初中；3＝高中或中专；4＝大专及以上
人均年收入	1＝10000元以下；2＝10000～20000元；3＝20000～30000元；4＝30000元以上
对居住地区卫生的满意程度	1＝满意；2＝基本满意；3＝不满意；4＝一点不满意
当地环境污染对村民的影响	1＝没有影响；2＝影响不大；3＝影响；4＝完全影响
愿意支付治理费用的高低	1＝5元以下；2＝5～10元；3＝10～15元；4＝15～20元；5＝20元以上

（3）回归结果及显著性分析。

在回归时，采用的回归方法是后筛选方式。在处理过程中，首先将所有影响因变量的自变量都代入模型进行检验，根据检验结果，将对因变量影响不显著的自变量剔除掉，然后继续检验，直到自变量对因变量影响的检验结果基本显著为止。将数据代入进行筛选和检验，一共有两种计量估计结果，见表6-7。

表6-7　　　　　　　　　**Logistic**模型回归分析结果（一）

Variable	Coefficient	Std. Error	z - Statistic	Prob
C	-4.606	1.171	-3.934	0.001***
X_1	0.020	0.167	1.223	0.221
X_2	0.419	0.382	1.097	0.273

续表

Variable	Coefficient	Std. Error	z – Statistic	Prob
X_3	0.431	0.195	2.215	0.027 **
X_4	0.941	0.464	2.026	0.043 **
X_5	− 0.120	0.165	− 0.727	0.468
X_6	0.988	0.354	2.793	0.005 ***
X_7	0.367	0.158	2.320	0.020 **

注：表中 ** 、 *** 表示统计检验分别达到 5% 和 1% 显著性水平。

$$Y = 0.02\,X_1 + 0.42\,X_2 + 0.43\,X_3 + 0.94\,X_4 - 0.12\,X_5$$
$$+ 0.99\,X_6 + 0.37\,X_7 - 4.61$$

变量 X_6 的系数为零的概率为 0.005，即表明变量 X_6 在 1% 的水平上显著不为零；变量 X_3、X_4、X_7 对应的系数为零的概率为 0.027、0.043、0.020，即表明变量 X_3、X_4、X_7 系数在 5% 的水平上显著不为零。变量 X_1、X_2、X_5 的系数在模型中不显著不为零，因此将它们剔除，然后重新进行 Logistic 回归分析，结果参见表 6 − 8。

表 6 − 8   **Logistic 模型回归分析结果（二）**

Variable	Coefficient	Std. Error	z – Statistic	Prob
C	− 3.817	0.893	− 4.272	0.000 ***
X_3	0.334	0.182	1.833	0.067 *
X_4	0.979	0.455	2.154	0.031 **
X_6	0.929	0.345	2.689	0.007 ***
X_7	0.403	0.155	2.611	0.009 ***

注：表中 * 、 ** 、 *** 表示统计检验分别达到 10% 、5% 和 1% 显著性水平。

$$Y = 0.33\,X_3 + 0.98\,X_4 + 0.93\,X_6 + 0.40\,X_7 - 3.82$$

变量 X_6、X_7 的系数为零的概率都小于 0.01，即表明变量 X_6、X_7 两个变量的系数在 1% 的水平上显著不为零；变量 X_4 的系数为零的概率大于 0.01，小于 0.05，即表明变量 X_4 的系数在 5% 的水平上显著不为零；变量 X_3 的系数为零的概率大于 0.05，小于 0.1，即表明变量 X_3 的系数在 10% 的水平上显著不为零，模型通过检验。

（4）模型结果分析。

第一，村民对环境治理支付的意愿受多种因素的影响。对村民对环境治理支付意愿有显著影响的因素包括：当地环境污染对村民的影响（X_6）、愿意支付治理费用的高低（X_7）。

当地环境污染对村民的影响，对村民的改善环境的支付意愿具有显著的影响，这与最初的预期及前面的分析是一致的。如果当地环境污染对村民产生了影响，那么村民愿意支付治理费用来治理环境污染，使环境得到改善，以此来改善周边环境和提高生活质量。

愿意支付治理费用的高低也是影响村民对环境治理支付意愿的重要因素。调查表明，一般来说村民还是愿意为环境治理而支付一定的费用，如果村民支付的治理费用越高说明他们越愿意看到环境的改善效果。

第二，人均年收入（X_4）对村民治理环境支付的意愿也有一定的影响。

从模型中我们可以看出，人均年收入的变量系数为正，表明村民的个人收入越高，对改善环境支付的意愿就越强，这与最初的预期是一致的。

第三，被调查者的文化程度对村民对环境治理支付意愿的影响系数为正值，且在10%的统计检验水平上显著。

从模型结果来看，被调查者文化程度变量的系数在10%的统计水平上显著，且系数符号为正。这说明，在其他条件不变的情况下，被调查者文化水平越高，对环境治理支付的意愿就越强烈。这表明，被调查者的文化程度对村民环境治理支付的意愿具有一定的影响。

4. 讨论与结论

本研究用CVM分析了石家庄市农民对于农村环境改善的支付意愿，分析农村环境改善的价值。结果显示，调查范围内有63.4%的农民愿意为改善环境支付的成本是5～10元每个月，在对于支付方式的选择上77.6%愿意支付的被调查者选择了直接按规定的金额缴纳现金。线性回归分析的结果表明，对农民改善环境支付意愿有显著影响的社会经济因素是家庭年收入、受教育水平、当地污染对村民的影响、改善成本的高低，且这些影响因素对于支付意愿的影响为正，即当村民的收入水平越高或者是受教育水平越高时，其支付意愿比较强。

通过对石家庄周边的农村进行支付意愿调查结果分析可知，由于农民的文化程度和理解能力有一定的局限性，所以对于调查的结果有一定的影响。由调查得出的村民为改善环境而意愿支付的成本可能会低于实际村民的意愿支付成本。

调查结果表明河北省农村居民对改善环境具有一定的支付意愿，对良好的生态环境有较强的需求，其愿意支付的费用水平与收入、受教育程度等有显著正相关性。这充分表明，加快提高农民的收入水平，加强对农民的文化教育和环保宣传教育等是生态环境建设的重要内容。

第七章
国内外农村生态环境保护政策
实践与经验借鉴

一、国外农村生态环境保护政策实践与经验借鉴

（一）美国农村生态环境保护政策及实践

1. 政策总体情况

美国的农业污染防控，主要集中于水污染治理。美国各级政府（联邦政府、州政府和地方政府）累计出台了数百条关于水质的法律和法规，采用了一系列的政策工具进行水质控制。如美国国会 1965 年颁布的《水质量法案》，要求各州政府设立州际水质的环境标准，并设计实施计划，颁发许可，对减少某一污染源排放量建立监控和强制计划。1972 年颁布的《联邦水污染控制法案》将水质量控制的主要责任从州政府转移至联邦政府，第一次建立了美国国家水质量目标，并批准美国国家环保署建立以技术为基础的排污限额。1977 年发布实施的《清洁水质法案》是在对前述法律的多次完善和修订基础上形成的，该法案涵盖了地下水和地表水，并强调了对点污染源和非点污染源的控制。随着面源污染的日益严重，在 1987 年颁布的《水质量法案》中，进一步明确提出建立一个全国性的计划来削减水体的面源污染，其中包括了农业面源污染控制的内容。法案规定，各州要通过评价本州内的面源污染问

题，明确各个污染因子，并采取相关的管理措施削减非点源污染。

《联邦杀虫剂、杀真菌剂和灭鼠剂法案》（*Federal Insecticide Fungicide and Rodenticide Act*，FIFRA）是美国防止水污染中的有毒有害物质的一部重要法律。根据这一法律，授权美国国家环保总署（USEPA）控制农药的使用，因为农药威胁到地表水和地下水的安全。USEPA 负责对特定用途的杀虫剂进行登记，登记之后才允许出售、储藏或流通。只有当 USEPA 确信杀虫剂的使用不会影响人类健康或环境质量时，才会对该类杀虫剂进行登记；在登记过程中，需要综合考虑经济、社会和环境影响。按照该法律，如果不按照杀虫剂说明书使用属于违法行为。

为了保持水土和减少土壤流失，美国还实行了耕地休耕制度（Conservation Reserve Program，CRP）。CRP 是美国联邦政府最大的私有土地休耕项目，中心内容是政府给予经济补贴，鼓励农民休耕或退耕一部分种植粮棉的耕地，以便保护土壤免遭侵蚀。政府通过估计当年某一农产品的市场供求和年终库存情况以及下年度国内外市场需求情况，确定下一年度美国该种农产品的播种面积和总产量、休耕面积的比例和对于农场主因停耕土地而造成的损失给予补贴的比例。通过市场供求关系的估计确定政府补贴的高低：如果估计下一年度市场需求大，政府补贴就低一些，以鼓励农民扩大耕地面积；反之，政府补贴就定得高一些，以吸引农场主更多地休耕土地，以达到减少粮食产量。CRP 自 1986 年开始正式实施，截至 2008 年 4 月，参加休耕的土地总面积达到 1404 万公顷（3470 万英亩）。①

2. 美国的水污染控制实践

由于非点源污染的特点，很难准确测定排放量，使得诸如排放标准、排污收费等方法和手段存在问题，并不适合。为此，美国针对非点源污染采取的两个主要手段是对水体产生污染的产品征税——产品税和运用气泡原则的排污权交易。

美国采取的对水污染的产品征税主要是化肥税。因为农业径流是主要的非点源污染源，化肥税这样的政策手段显然具有优势。按照美国 EPA2001 年

---

① 朱文清. 美国休耕保护项目问题研究［J］. 林业经济，2009（12）：82.

度报告，至少有 46 个州开征了化肥税，税率从每吨低于 1 美元到每吨 4 美元，这只占化肥价格（每吨 150～200 美元）很小的比例。

而针对科罗拉多州狄龙水库的严重污染问题，在 USEPA 支持下，科罗拉多州政府则制订一项点—非点污染源交易计划，设定了污染源的磷排放限额，并允许以 2：1 的比率进行交易，取得了排污权交易的宝贵经验。[①]

总的来看，美国在联邦政府层次围绕水质保护的制度结构倾向于对点源污染的处理，而且主要围绕《清洁水质法案》展开一系列工作。非点源污染防控的责任则更多地落在州政府身上，而联邦政府则提供一定的科技和财政支持。对点源污染的防控，主要通过基于一定技术和绩效标准的命令—控制手段来实现；而非点源污染的防控则主要依靠激励手段（包括来自联邦政府的激励和各州的激励），促使排污者自发地控制污染。

（二）日本农村生态环境保护政策及实践

1. 政策总体情况

日本以农业基本法为核心制定了一系列的农业环境保护法律，并以法律为准绳制定相应的配套政策和措施。例如，《有机农业法》出台之后，又相继颁布实施了《有机农产品蔬菜、水果特别标志准则》《有机农产品生产管理要点》《有机农产品及特别栽培农产品标准》等。

由于农业环境问题的产生主要是由高投入、高产出、高能耗的生产方式带来的，因此改变农业生产方式，积极发展环境友好型农业是保护和治理农业环境的关键。目前，日本的环境友好型农业主要包括三种类型：一是减化肥、减农药型农业，通过减少化肥和农药的使用量，以减轻对环境的污染及食品有毒物质含量；二是废弃物再生利用型农业，主要是构筑畜禽粪便的再生利用体系，通过对有机资源和废弃物的再生利用，减轻环境负荷，预防水体、土壤、空气污染，促进循环型农业发展；三是有机型农业，完全不使用化学合成的肥料、农药、生长调节剂、饲料添加剂等外部物质的投入，通过

---

① 袁平．农业污染及其综合防控的环境经济学研究——理论探讨与实证分析［D］．CNKI 中国期刊全文数据库，2008：14－17．

植物、动物的自然规律进行农业生产，使农业和环境协调发展。

为促进环境友好型农业的发展，日本政府对绿色农业实施了许多优惠政策。如对从事有机农业生产的农户提供了农业专用资金无息贷款；对堆肥生产设施或有机农产品贮运设施等进行建设资金补贴和税款的返还政策；对采用可持续型农业生产方式的生态农业者给予金融、税收方面的优惠政策等，这些优惠政策鼓励了农业经营者的积极性，对农业环境保护和可持续农业生产起到推动作用。

在畜禽粪便污染防治方面，日本先后制定了 7 部相关法律，如《废弃物处理与消除法》《防止水污染法》《恶臭防治法》。在《防止水污染法》中规定，一个畜牧场如养猪超过 2000 头，或牛 800 头，或马超过 2000 匹，由畜舍排出的污水必须经过净化；规定猪舍面积在 50 平方米以上、牛棚在 200 平方米以上、马厩在 500 平方米以上的，必须向当地政府申报设置特定设施。①

此外，为规范和管理农村地区的卫生、建设与环境保护，日本还建立了有别于城市污水处理厂的农村污水治理的法律体系，并建立了一套政府主导、公众广泛参与的实施体系。日本对城市和农村分别采用不同的污水治理对策，规定城镇人口在 5 万人以上或者人口密度大于 40 人/平方公里的集中居住区试用法律为《下水道法》，其他农村地区主要试用《净化槽法》。②

在管理体制方面，日本的农村污水治理工作主要由政府行政主管部门主导，企业以及企业性机构共同承担，各基层行政单位（市、町、村）以及家庭是农村污水治理的责任主体。有关责任主体在设置污水治理设施时首先需要获得都、道、府、县（相当于我国的省级行政区）或市政府的批准。作为第三方的行业机构在污水分散处理中政策及技术方案制定中担负很重要的角色。此外，行业协会和专业性培训机构。在开展污水分散处理技术的研发、推广、宣传普及、专业人才培养等方面做出了很大贡献。

---

① 曾鸣，谢淑娟. 中国农村环境问题研究——制度透析与路径选择［M］. 经济管理出版社，2007；137－144.

② 王军，王淑燕等. 关于我国农村生活污水治理对策的研究. 2010 中国环境科学学会学术年会论文集（第三卷）［C］. 中国环境科学出版社，2010；2800.

2. 日本政府投资开展农村生活污水治理的实践

日本从 1973 年开始采取了一系列积极有效的措施，并投入大量资金进行"农村集落排水工程"建设，主要集中处理农村生活排水。根据农村特点，并综合考虑建设成本、运行管理方便程度以及适度分散排水以减轻排入水域的污染负荷等因素，"农村集落排水工程"主要采用小型地埋式污水处理装置，其体积小、成本低、操作运行简单，十分适用于农村。其日处理能力在 1 万吨以下。一般每 1000 人农村人口可建立一个污水处理厂，最大的厂可处理 10000 人左右产生的污水。截至 2001 年，日本"农村集落排水工程"普及率达 71％。[①]

（三）欧盟农村生态环境保护政策及实践

1. 政策总体情况

从欧共体到今天的欧盟，其环境政策的形成，是一个从单一成员国向欧盟的整体环境与污染防控目标迈进和实施的过程。以指令和条例（directives and regulations）形式在欧盟委员会通过的环境和污染防控政策，确定了各成员国必须满足的环境与污染防控目标和要求。关于农业污染防控，欧盟最重要的措施是：《饮用水指令》（*Drinking Water Directive*），《硝酸盐指令》（*Nitrates Directive*）和《农业环境条例》（*Agri-Environmental Regulation*）。

《饮用水指令》确定了饮用水供应中污染物的最高可容许浓度水平，如规定硝酸盐的浓度上限为 50 毫克/升。

《硝酸盐指令》引发了许多欧盟成员国采取相应行动的需要，该指令包括三项主要规定：（a）各成员国必须检测水体以确认水质受到农业硝酸盐威胁的地区，这些威胁以实际或潜在的富营养化问题和饮用水硝酸盐浓度超过 50mg/L 来定义。而受影响的地区则被称为硝酸盐脆弱区（Nitrate Vulnerable Zones，NVZs）。（b）对所有的 NVZs，成员国必须制订切实可行的行动计划来控制动物粪肥和无机肥料的施用，以消除这些威胁。行动计划必须包括动物粪肥中矿物质的最高允许施用率，例如 170 千克/公顷；否则，需要采取其他

---

① 罗盛焕. 改善农村水环境的对策措施［J］. 广东农业科学，2008（9）：136.

措施实现施用率在规定的水平内。行动计划还应包括以下规定，即硝酸盐禁用年限、动物粪肥储备和无机肥料的最大施用率等。（c）对非 NVZs，成员国必须制定良好的农业实践准则，包括硝酸盐的储备率、施用率、使用时序以及其他有关事宜。

《农业环境条例》主要针对与农业有关的野生动植物和景观保护，并就通过对农户补偿来保护野生动植物和景观的国家政策设计方面，制定了一般性原则。

有关养殖业污染防治方面，20 世纪 90 年代，欧盟各成员国通过了新的环境法，规定了每公顷动物单位（载畜量）标准、畜禽粪便废水用于农用地限量标准和动物福利（圈养家畜和家禽密度）标准，鼓励进行粗放式畜牧养殖，限制养殖规模的扩大，凡是遵守欧盟规定的牧民和养殖户都可获得养殖补贴。而关于农药施用，始于 1991 年的欧盟《理事会指令》（*Council Directive*）要求所有农药许可证必须在 1993 年以前重新注册，同时也要求成员国采取必要行动以满足欧盟要求。

目前，欧盟所有成员国都在一定程度上对农业的环境影响做出了规制，采取的干预类型主要有三类：（a）针对某些情况课征环境税，如瑞典的硝酸盐税、丹麦的杀虫剂税和荷兰的粪肥税；（b）自愿签约计划（voluntary sign-up programmes），借此计划，自愿接受某些管理限制或要求的农户可以获得一定的补偿，如为野生动植物和景观保护而牺牲部分农业生产利益的农户可以得到赔偿；（c）制定环境规制条例，如对肥料使用中的存货、分布和使用时序等做出限制，制定杀虫剂条例，或者对潜在的污染物存储给予应有的关注。

2. 欧盟各国的农村环境保护实践

（1）英国对农民的环境补贴措施。

英国为应对 20 世纪 90 年代的《共同农业政策》改革，实行了环境补贴政策。英国政府希望农业生产与环境保护紧密结合起来，使农场主不仅是农产品生产者，而且还是农业环境的保护者。为此，政府在补贴方面引入了所谓的"环境许可证"制度，农场主如果想得到政府补贴，就必须保证其生产条件达到一系列环保标准，如果不能达标，就会得不到补贴。2005 年起，英国政府首次对农民保护环境性经营实行补贴。农场主在其经营的土地上进行良好的环境管理经营，每公顷土地每年可得到最多达 30 英镑的补贴，而对不使用化肥和农药的绿色耕作则将给予 60 英镑的补贴。按照英国环境、食品和农村事务部的规定，无论从事粗放性畜牧养殖的农场主，还是进行集约耕作的粮农，都可与政府部门签订协议。一旦加入协议，他们有义务在其农田边缘种植作为分界的灌木篱墙，并且保护自家土地周围未开发地块中的野生植物自由生长，以便为鸟类和哺乳动物等提供栖息家园。

（2）德国大力发展生态农业的举措。

在严重的工业污染面前，为了保持生态平衡，德国近年来大力发展生态农业。目前，这已成为德国农业发展的新趋势。为了保护农村生态环境，联邦政府制定了以下方针：避免由于外源物质污染或经营措施不当而造成对农田内、外群落的不良后果，注意对天然生物品种资源特别是生态方面有价值的群落的保护。规定生态农业企业在自己的土地上不能使用化肥、化学农药和除草剂等。

为了推动生态农业的发展，德国成立了生态农业促进联合会。与此同时，联邦政府重视发展"工业作物"种植业，即种植那些可以用来生产矿物能源和化工原料替代品的经济作物，并给予了大力支持。近年来，国家每年拨款5000 万马克用于"工业作物"的研究和开发，并成立了生物原料和生物能源研究中心，专门负责这方面的科研以及促进和协调全国"工业作物"的种植和新技术、新工艺的推广。由于政府的支持，德国"工业作物"种植业近年来发展较快，全国"工业作物"种植面积在 1996 年就超过了 50 万公顷，为化工和造纸工业提供了数量可观的原料。

（3）荷兰的畜禽养殖污染防治实践。

荷兰的农业污染主要来自其高度集约化的畜牧业生产所产生的废料和园艺产业对农药的大量施用。基于全国的土壤特性和农业生产活动性质，荷兰于 1995 年参照欧盟《硝酸盐指令》将整个国家列为硝酸盐脆弱区，明确对农业污染进行防控。为此，荷兰制订了相应的行动计划，而评估计划目标的主要方法是建立农户层面的矿物质账户系统，该系统通过运用大量均衡方法评价每个农场每年的硝酸盐丧失水平，即超过作物吸收水平的过量硝酸盐。通过该系统，荷兰政府能够量化全国每年因硝酸盐流失导致的环境问题，进而厘清局部地区富营养化或饮用水质问题与硝酸盐丧失之间的关系。

为了防治畜禽粪便污染，荷兰政府 1971 年立法规定，直接将粪便排到地表水中为非法行为。从 1984 年起，荷兰不再允许养殖户扩大经营规模，并通过立法规定每公顷 2.5 个畜单位，超过该指标农场主必须交纳粪便费。近几年的立法正式根据土壤类型和作物情况，逐步规定畜禽粪便每公顷施入土地中的量。如每年用于草地的 P_2O_5 不能超过 200 千克/公顷；每年 9 月 1 日至次年 2 月 1 日之间禁止在易淋滤土壤上施用动物粪肥，而农场的过剩粪肥将被征税。并规定施入裸露土地上的粪肥必须在施用 12 小时内犁入土壤中，在冻土或被雪覆盖的土地上不得施用粪便，每个农场的储粪能力要达到储纳 9 个月的产粪量。另外，荷兰还开发了一套粪肥交易系统，借此农民可以买入和卖出粪肥处置权，例如拥有"闲置容量"（spare capacity）面积的农民，可以将自己的施肥权出售给有需要的农民。这实际上是一种粪肥施用或处置的总量控制措施。[①]

（4）丹麦的农药、化肥污染防控措施。

由于丹麦的氮肥使用量从 1970～1990 年一直呈增长趋势，为了应对富营养化问题，丹麦实施了肥料使用控制政策。该政策结合了命令—控制型措施和经济激励型措施，针对不同的土壤和不同的作物，规定了粪肥的最大允许使用率、季节限制和最小存储量。例如，氮肥的施用量为强制性标准，农户施用时绝不允许超过标准。磷肥和钾肥为推荐性标准，种植户可以根据土壤条件弹性施用。如果种植冬小麦，如果是在砂质黏土上种植的，而前轮种植的又是冬小麦，每公顷允许施放的氮肥上限为 195 公斤，磷肥和钾肥推荐量为 26 公斤和 65 公斤；如果前轮种植的是豌豆，则每公顷氮肥的施放量上限为 165 公斤，磷肥和钾肥推荐量同样为 26 公斤和 65 公斤；如果前轮种植的是玉米，则每公顷氮肥施放量上限为 175 公斤，磷肥和钾肥推荐量为 53 公斤和 160 公斤。[②]

---

① 袁平. 农业污染及其综合防控的环境经济学研究——理论探讨与实证分析［D］. CNKI 中国期刊全文数据库，2008：14 – 17.

② 网易新闻. 丹麦将化肥农药的使用量写入法律. http://news. 163. com/13/0817/14/96G531P300014AED. html.

针对农药污染问题，丹麦从 1986 年开始实施旨在消除所有农业残留危害的"农药行动计划"，确定在 1997 年之前，将农药的使用量减少 50％。但是，由于该计划受到相当部分的农场主反对，因此，效果并不显著。1996 年丹麦政府果断引入了农药税。对农药的征税率为 54％，除草剂与杀菌剂的征税率为 33％，取得了立竿见影的效果。

（四）发达国家开展农村生态环境保护的经验借鉴

上述发达国家在农村环境污染治理以及农村生态环境保护等方面的政策法律及具体实践，为我国以及河北省的农村生态环境建设提供了很好的经验借鉴。

1. 加快农村环境保护的法律法规体系构建，制定和完善相关环境标准

环境立法是环境法制建设的基础性工作，是经济与环境协调发展的前提。如前所述，美国、日本、欧盟等国家都十分注重农村环境污染防治的立法和环境标准的制定。如美国、日本都将水污染的治理和饮用水安全问题作为最重要的环保内容，出台了众多相关的法律法规。如美国的《清洁水质法案》《安全饮用水法案》《联邦杀虫剂、杀真菌剂和灭鼠剂法案》；日本的《废弃物处理与消除法》《防止水污染法》《恶臭防治法》等。欧盟各国围绕畜禽养殖产生的大量粪便以及农药、化肥使用所导致的农村面源污染问题，颁布了许多针对性的法律法规和环境标准，如规定每公顷动物单位（载畜量）标准、畜禽粪便废水用于农用地限量标准和动物福利（圈养家畜和家禽密度）标准等。

目前，我国农村环境保护的法律、法规很不完善，给农村环境保护的依法整治带来很大困难。上述发达国家的经验表明，只有建立完善的环境保护法律法规体系，才能从根本上解决目前我国面临的农村环境危机和生态环境恶化问题。

2. 政府加大资金投入，加强农业和农村环保的基础设施建设

基础设施是指以保证社会经济活动、改善生态环境、克服自然障碍、实现资源共享等为目的而建立的公共服务设施。基础设施作为区域社会经济持续发展的基础和保障，为城乡一体化发展提供了一个不可或缺的硬环境。上述发达国家在农村环境污染治理中一个重要的举措是政府投资兴建环保基础设施。如日本政府投入大量资金进行"农村集落排水工程"建设；德国政府出资大力支持生态农业的发展，每年拨款5000万马克用于"工业作物"的研究和开发，并成立了生物原料和生物能源研究中心，专门负责这方面的科研以及促进和协调全国"工业作物"的种植和新技术、新工艺的推广。此外，政府要想方设法为农村环保提供必要的资金支持。目前许多国家都采取多渠道、多方式吸纳国内外资金支持的办法，帮助落后的农村地区解决所面临的诸多环境问题。如通过吸引国际或国家的一些专项环境基金（如全球环境基金GEF、波兰国家环境保护基金等）提供启动基金再吸引额外的资金，有效推动了环境保护活动的实施。

长期以来，我国城镇的交通、能源、供水、排污、教育、医疗卫生等基础设施主体是由国家财政支付的，但是农民或享受不到，或享受不充分。广大农村地区在供水、排污、教育、医疗卫生等方面的基础设施严重不足，既制约了农村的发展，也是农村生态环境恶化的重要原因之一。

3. 加强补贴、税收等多种经济手段的综合运用

发达国家普遍采取以税收、补贴为主要形式的经济激励手段来控制环境污染。如，丹麦对农药、畜禽粪便实行的征税政策；日本对堆肥生产设施或有机农产品贮运设施等进行建设资金补贴和税款的返还政策，对采用可持续型农业生产方式的生态农业者给予金融、税收方面的优惠政策等；英国对不使用化肥和农药的绿色耕作给予60英镑的补贴政策；德国对沼气发电给予的经济激励政策等。实践证明，激励型经济手段的运用对发达国家的农村环境保护发挥了巨大作用。

4. 加强公众参与制度建设，发挥绿色环保组织的作用

目前，许多发达国家都成立了各种各样的绿色环境组织，即环保 NGO（no-governmental organizanions）。仅在美国，各种类型的民间环保组织的数量已经超过1万个。绿色环境团体组织已成为促进有机农业推广和发展的重要力量。这些民间环保组织的主要工作职能是：开展环境和生态的教育研究；协助政府执行环境政策；监督企业并与之合作开发有利于环保的产品和服务等。如美国成立于1981年的反滥用杀虫剂全国联合会（national coalition against the misuse of pesticides），是由关心杀虫剂危害的一些团体和个人组成的一个非营利性的基层网络组织，它在很多社区建立了杀虫剂及其替代品信息中心，并出版刊物《杀虫剂与你》。该组织通过发布杀虫剂危害性以及有关替代品的消息，监督杀虫剂问题的立法与执法，支持、鼓励地方团体的环保发展等措施，来限制杀虫剂的使用，对环境保护发挥了重要作用。

二、国内农村环境污染治理的政策实践与经验借鉴

中国政府十分关心和重视解决好农村环境污染的问题，并在制定的《国民经济和社会发展第十一个五年规划纲要》中明确提出了进一步改善农村生产生活环境的目标和任务。按照党中央的要求，国务院各有关部委对防治农村环境污染在政策与资金方面给予了大力支持，各地也结合本地区的实际因地制宜地积极开展了农村环境污染的防治，积累了一些成功的经验，创造了一些新的模式。

（一）湖北恩施"小池"带动大产业——沼气建设政策实践[①]

恩施土家族苗族自治州地处湖北省西南部、武陵山腹地，是全国最年轻的少数民族自治州。恩施自治州总人口 384 万人，所辖 8 县市均为国家扶贫重点县。

2000 年开始，恩施以沼气池建设为突破口，把农村沼气池建设同农民增收和农村发展结合起来，成功探索出以"五改三建两提高"为核心，以生态家园建设为载体的生态型新农村建设模式，沼气池的建设使 155 万亩森林避免作为薪柴而遭砍伐，全州森林活立木总蓄积达 4500 万立方米，森林覆盖率由 62% 提高到 67%，实现了生态效益和经济效益的双赢。

为了实现"小池带动大产业"的发展战略，2003 年初，恩施把发展沼气池写入州政府工作报告，计划到 2010 年建设 70 万口沼气池，建成"全国沼

---

① 张小蒂等. 市场化进程中农村经济与生态环境的互动机理及对策研究 ［M］. 浙江大学出版社，2009：155－156.

气第一州"。为此，恩施制定了一系列激励政策与措施，每年安排500多个部门、5000多名干部与村、户结对帮扶；在建池资金上，实行政府补助、社会捆绑资金及个人投入三结合方法，一口沼气池国家补助1000元，地方财政等方面捆绑1000元，个人投入1000元。此外，农用社保还提供小额贷款。

截至2006年底，恩施已建成家用沼气池31万口，普及率已达44%。全州700多个村15万农户推广猪—沼—茶（魔芋、果、菜、粮）生态农业模式，猪粪生产沼气，用来照明、煮饭、烧水；沼液、沼渣作肥料，用沼液为茶叶灭虫，不仅避免了化学农药对茶叶的污染，茶叶的颜色、口感和厚度更好。按全州31万口沼气池计算，每口沼气池年产气300立方米，每立方米单价1.2元，直接经济价值达11160多万元，沼渣、沼液的综合利用，每口沼气池每年节约化肥、农药费用100元，一共可节约3100万元。仅开源节流就可以让农民人均增收40多元。

恩施有丰富的植物资源，沼气池建设上联养殖业，下联种植业，延伸了农业产业链，形成了农村循环经济的新模式。为了既让山上的叶子变成经济发展的票子，又防止乱挖滥采，破坏生态环境，恩施政府积极鼓励人工种植技术研究，加大特色农产品基地建设。目前，恩施已建成优质烟茶基地100万亩；富硒茶40万亩，魔芋总面积30万亩，干、鲜果和高效经济林300万亩；药材80多万亩，无公害蔬菜10万亩。已拥有38个无公害食品、绿色食品和有机食品标志。恩施以特色农产品为依托，扶持、培养了一大批集种植、运输、加工、经营一条龙的企业，且已初具规模，创造了可观的经济利润。

恩施的主要经验在于：不是依靠加大资源开发力度加快经济发展的速度，而是以沼气池的建设为突破，发展山区生态农业，变政策扶贫"输血"功能为"造血"功能，以较优的资源组合，较小的生态成本，实现了较好的经济效益。

（二）宁波市镇海区畜禽粪便污染治理政策实践与启示[①]

由于畜禽养殖污染是农业立体污染的主要污染源，它直接影响农村的居

[①] 张霄. 宁波市镇海区畜禽粪便污染治理的实践与启示. 浙江农村机电.

住环境、生活质量和经济社会发展。为此，2003 年，镇海区人民政府出台了《关于全面开展畜禽养殖污染综合整治的实施意见》，并责成镇海区农机局为该区农村畜禽养殖污染治理牵头单位，稳步有序地开展了对农村的畜禽养殖污染治理工作。

1. 建设畜禽污水处理设施，全面实施畜禽污水治理

为解决农村畜禽污水污染问题，2004 年 7 月，镇海区在庄市街道万市徐村 5000 头生猪存栏养殖小区，投资 80 万元建造了第一座污水处理中心。该处理中心主要是采用 A2/O 生化处理技术，再配套生物处理塘，通过固液分离，运用厌氧、缺氧和好氧处理，辅之水葫芦等水生作物进一步吸收水中养分，从而达到净化水质的目的。经实际运行表明，化学需氧量 COD 的去除率可达 85% ～90%，生化需氧量 BOD_5 去除率可达 80% ～95%，氨氮（以 N 计）NH3 - N 的去除率可达 60% ～75% 以上，排放水各项指标均达到国家规定的排放标准，其中 COD 的排放量为 192 毫克/升，明显低于国家规定的 400 毫克/升排放标准。通过试点，掌握了第一手资料，也积累了初步的经验。从 2005 年开始，镇海区对全区 6 个规模化集中养殖小区全面实施污水治理。

2. 建立畜禽粪便无害化处理中心，解决粪便污染问题

2004 年 1 月，镇海区投入 50 万元，在九龙湖镇河头村建造了占地 2400 平方米、日可处理鲜粪 50 吨的粪便无害化处理中心，并于当年 4 月正式运转。至该年 11 月，该区对试点运行情况进行了考察。从考察结果来看，7 个月中，养殖小区内 4000 多头肉猪粪便都得到了及时处理，有效解决了粪便对周边环境造成的污染问题。为了提高粪便综合利用率，镇海区除通过生产沼气、堆沤还田等方式处理畜禽粪便外，还对粪便进行了深度处理开发。2004 年在九龙湖镇河头村建造粪便无害化处理厂，生产包装化的半成品有机肥；此外，为促进畜禽粪便在农业中的应用，该区政府采取鼓励措施，在相关农业政策（2006 年出台）中明确规定：粪便处理中心每生产 1 吨有机肥，财政补助 100 元，农户购买使用本区生产的有机肥 1 吨也补助 100 元。

3. 镇海区畜禽粪便污染治理的启示

农村畜禽养殖污染整治，任重道远。需要全面考虑，综合治理，需要社会各界大力支持。

第一，畜禽粪便污染治理，需要加大宣传力度。畜禽污染治理既关系到农村生态环境和畜牧业可持续发展，也关系到农民生活质量的提高，是一项经济效益、社会效益和环境效益有机结合的公益事业，需要社会各界共同参与和大力支持，特别需要养殖户的积极配合。因此，要通过多种形式，加强宣传教育，强化养殖户对畜禽粪便污染危害的认识，了解治理获得的好处，为养殖污染治理创造良好的环境。

第二，畜禽粪便污染治理，需要相应政策配套。畜禽污染整治涉及千家万户，为确保整治工作顺利开展，除国家对规模养殖场有明文规定外，应根据区域实际制定地方性补充规定，明确各养殖户应尽的职责和义务，大力推广科学的饲养方法，对违规者提出相应的处罚办法，促使养殖户规范行事，使管理者有法可循，杜绝个别养殖户不履行义务和承担费用的现象发生。另外，要加大执法力度，对违规者要进行相应处理，保证各项整治措施和要求得以认真贯彻落实，努力形成科学、规范的环保生态型饲养模式。

第三，畜禽粪便污染治理，需要养殖小区选址合理。畜禽集中养殖小区选址合理与否对污染治理影响较大，尤其是对于污水生态化处理，选址合理可大大减轻治污压力。因此，新建养殖小区选址不但要远离居住区，而且要尽量建在生态林带、蔬菜基地或小漕、小池、鱼塘旁，以便充分利用周边环境进行生态化处理，既可减少治污投入成本，又可确保生态化处理效果。

第四，畜禽粪便污染治理，需要改革经营模式。现有的一家一户松散型养殖模式，不但给管理带来一定难度，而且对疾病防疫和污染治理带来很大隐患。为提高养殖效益，建议按饲养规模入股，建立股份合作制饲养模式，整合现有资源，加强分工合作，这样可以节省养殖投入成本，便于各种疾病防治，提升养殖小区规模，从而增加养殖户收入，推动畜禽养殖污染整治工作顺利开展。

第五，畜禽粪便污染治理，需要政府积极扶持。养殖污染整治任重而道远，需要政府继续加以扶持，才能巩固前阶段的成果，最终解决好对环境的污染问题。政府除直接对污染治理项目给予补助外，还可以扶持发展相关产业来促进污染治理，如推广有机肥应用，可彻底解决畜禽粪便出路；鼓励引导应用沼气技术，可减轻生态处理成本，确保处理效果等。

（三）河北省加强流域治理的生态补偿机制实践[①]

近年来，河北省在生态补偿方面相继开展了很多尝试，特别是在流域治理方面取得了显著成效。2008年，河北省在污染最严重的子牙河水系探索生态补偿新机制，实行河流跨市断面水质考核，不仅与地方领导的政绩挂钩，而且直接影响到各地方政府的财政收入，取得显著效果。

子牙河是河北省跨市最多的水系，流经邯郸、邢台、石家庄、衡水、沧州5市48个县（市），流域内人口2000多万人，被称为燕赵大地母亲河。历史上，子牙河水量丰富，但近十几年，因污染严重，河水中化学需氧量COD浓度曾一度超过了1000毫克/升，成为河北省一条名副其实的"公害"河，沿岸群众无不怨声载道。2008年4月起，河北省充分运用环保和财政两个手段，率先实施以环境保护部门跨界断面水质考核和财政部门国库结算扣缴为主要内容的子牙河水系生态补偿管理机制，即"河流水质超标，扣缴上游财政资金，补偿下游地区损失"，建立"谁污染谁治理，谁污染谁补偿"的河流污染治理新机制。具体则按照河流入境时有无水质COD浓度超标以及出境断面的超标情况，分别确定从10万~300万元不等的扣缴处罚标准。水质每月监测，超标一次罚一次，连续4个月超标将被"区域限批"。截至2008年底，共扣缴补偿金1190万元。该项政策的实施，强化了地方政府的责任，有效遏制了上游向下游排污，子牙河水质达到了多年来最好水平。

为确保生态补偿机制落到实处，保证监测数据准确可靠，具有权威性和公信力，河北省环保厅、财政厅做了大量的基础工作，查补漏洞。河北省环保厅实行了上下游市县和省环保部门3家共同取样、分头监测、比对确认等监测制度，专门拟订了生态补偿金财政结算扣缴办法和生态补偿金管理使用办法，通过财政结算方式对上游地区实施扣款，并将扣款及时分配拨付到受污染的下游地区。市考核断面超标扣缴生态补偿金标准由各设区市按照省考核断面超标扣缴生态补偿金标准执行。扣缴资金可暂由省、市本级垫付，待

---

① 搜狐新闻．河北率先推行全流域生态补偿制度，http：//news.sohu.com/20090504/n263765166.shtml，2009－05－04．李忠峰，黄奎．河北全流域生态补偿机制显威力．中国财经报，2010－07－20．

年终结算时一并扣回，作为水污染生态补偿资金。新政实施头一年，子牙河水系的水质就得到了明显改善，COD 平均浓度下降 42.8%，氨氮平均浓度下降 13.7%。

由于子牙河流域生态补偿机制的实践取得了显著成效，2009 年 3 月 30 日，河北省人民政府办公厅发布《关于实行跨界断面水质目标责任考核的通知》（办字〔2009〕50 号），决定自 2009 年起，在全省七大水系 56 条河流、201 个断面试行跨界断面水质目标考核，对造成水体污染物超标的设区市、县（市、区）试行生态补偿金扣缴政策，这在全国属率先之举。省环保厅负责考核全省七大水系主要河流跨设区市界断面，各设区市环保局负责考核本行政区域内跨县（市、区）界的断面，考核因子为 COD 和氨氮。随后，秦皇岛市、承德市、张家口市、邯郸市等地先后出台相关通知，在市县辖区内开始实施流域生态补偿试点。目前，环保部已经确定河北省为全国省级全流域生态补偿的唯一试点。

经验借鉴：

生态补偿机制是一种更有利于提高各利益相关者生态环境福利的制度而不是施舍，补偿方与被补偿方通过建立这样一种制度共同促进大家的环境福利得到提高；利益相关者的权益和责任应尽可能明确，才能尽量减少生态环境这一公共物品对生态补偿的不利影响；法律法规应该明确支持保护生态环境和减少生态环境破坏的行为可以得到补偿，而且尽可能地明确责任方；尽管生态环境作为公共物品，其保护与恢复很大程度上有赖于政府投入，但市场机制也可以有效地为生态保护与恢复筹措资金，建立长效的保护补偿机制。对此，河北省环境保护厅副厅长杨智明在总结河北省生态补偿实践的经验时指出：①必须将"地方政府对环境质量负责"落实到实处，这是保护和改善环境的关键；②必须把环境污染造成的外部不经济性有效地内部化，这是减少污染，防止以邻为壑的根本；③必须实事求是地确定目标，有关部门协调联动，这是制度得到有效实施的前提；④必须强化公众监督、舆论监督作用，这是制度取得成效的保障。

第八章
河北省农村生态环境建设政策体系构建

一、农村生态环境建设政策体系构建原则和基市框架

1. 政策体系构建原则

结合河北省农村环境问题及生态环境的现状，河北省现阶段农村生态环境建设的主要任务是：以农村饮用水水源地污染防治、农村聚居区生活污染防治、农村面源污染防治、畜禽养殖污染防治、土壤污染防治、农村地区工矿污染防治六大重点领域为突破口，开展农村环境基础调查工作、制定实施相关法规政策、推广应用农村污染防治实用技术、深化农村生态示范创建、推动农村污染防治示范工程、强化农村环境保护监管能力六项优先行动。

如前所述，由于农村环境资源的公共物品属性以及农村生态环境保护行为的正外部性，市场对环境问题的调节"失灵"，因此，需要政府加以干预，通过采取有效措施保护环境资源，鼓励环境资源的有效利用，使外部效应内部化，达到社会期望的环境目标，而政府干预的方式主要是制定相关的法律法规和政策。上述农村生态环境建设任务的落实，必须要有强有力的政策支撑和制度保障，通过政府的政策干预来解决外部性内部化的问题，引导农民自觉地把农业生产利益与环境利益、社会利益相协调，充分发挥主动性、创造性去开展环境保护的各项活动，实现农业的持续发展。

基于河北省农村生态环境的现状和特征，在法律法规和政策的制定时应遵循以下基本原则：

（1）确定政策优先次序。

影响河北省农村生态环境恶化和可持续发展的资源环境问题很多，如耕地数量减少及质量退化、水土流失、土地沙化和荒漠化严重、水资源短缺及水污染、农药和化肥污染、乡镇企业污染等，但在资金、能力有限条件下，不可能全部同时解决。因此，必须确定哪些问题属于紧迫问题，属于当务之急，从而优先采取政策措施加以解决。

（2）坚持农业污染的"立体综合防控"思维，实行全方位管理。

农业污染已从以往的农业点、非点源污染发展演变到如今的立体交叉型污染，既在土壤、水体、生物圈和大气圈等空间维度上形成立体交叉污染，又在人类社会关系维度上形成立体交叉，从污染性农业投入品的生产、供应到农产品的生产环节，再到最终产品的消费过程，农业污染从发生到传递的立体、复合关系显著。因此，农业污染防控是一项复杂的系统工程，只有坚持"立体综合防控"思想，末端治理与源头控制相结合，从整体和全局把握并进行综合防控，才能有效地从根本上治理日益严重的污染问题。

（3）多种政策手段相结合。

我国现行的环境政策体系中，是以命令控制型政策手段的运用为主的，经济手段的运用较少。改革的方向应更多地采用经济政策手段，并充分运用多种手段来实施环境管理。

（4）用足、用好现有政策和补充缺位政策相结合的原则。

建立和完善农村生态环境建设的政策体系有两条途径：一是梳理和整合现有有利于农村环境保护的政策；二是制定新的政策。从二者的关系和实际工作需要看，梳理和整合是前提，用足用好现有相关政策，或改变相关政策的使用方向是基础工作；新制定的政策必须要与现有政策相协调，是对政策空白的补充和完善，不是割裂的和孤立的。所以，梳理现有相关政策是制定新政策的基础和前提。

（5）坚持公平原则。

农村居民与城市居民拥有相同的发展权和生存权。然而，目前我国农民可享受的公共服务和公共资源都远远低于市民可享受的。基于公平原则考虑，政府应当承担起农村地区最起码的公共物品供给，如平等的教育资源、洁净的水源、生活污水和垃圾处理设施等，把公共物品真正、公平地分配于城市和农村。同时，政府也应该在农村环境保护和污染防控领域进行必要的干预，而不是仅仅关注城市和工业污染。

2. 政策体系框架

通常环境政策的手段类型主要有两种：一种是政府规制或直接控制型，另一种是基于市场机制的间接调控型。

直接控制型，是指政府通过设定环境标准，制定和实施环境资源法律法规，以实现污染控制和环境保护的手段。也称"命令—控制型"政策手段。其特点是严格性、强制性，即污染环境者或开发利用自然资源者必须遵守有关法律法规，否则会受到民事、行政乃至刑事制裁。直接控制型手段为经济手段、宣传手段等提供法律依据和基本保障，是世界各国普遍采取的环境管理方式。

间接调控型，即经济手段，是以经济激励为内在结构的政策类型。其实质在于按照环境资源有偿使用和"污染者付费原则"，通过市场机制，使开发、利用、污染、破坏环境资源的生产者、消费者承担相应的外部成本，将环境成本纳入经济主体的决策过程，从而实现环境资源的有效配置和可持续利用；同时还可以为政府进行环境保护筹集资金。

目前，在理论上，间接调控型经济手段主要有：排污收费制度、环境税收制度、财政信贷刺激政策、排污权交易制度、押金制度以及环境损害责任保险制度等，每一种手段、制度的设计功能通常包括筹资、经济刺激或两者兼得。

此外，还有一种宣传劝说式的手段，即通过宣传、教育、信息传播、培训、合作与交流等，鼓励公众、NGO、企业等改变其环境行为，也称自我控制型手段（见表8－1）。

表 8 – 1   政策矩阵——可持续发展的政策手段

主题	政策手段			
	利用市场	创建市场	实施环境法规	鼓励公众参与
资源管理或污染控制	减少补贴	产权/分散权利	环境标准	公众参与
	环境税	可交易的许可证	行政禁令	信息公开
	使用费	国际补偿制度	许可证和配额	
	押金—退款制度			
	专项补贴			

资料来源：世界银行哈密尔顿等. 里约后五年—环境政策的创新，中国环境科学出版社，1998.

表 8 – 1 所显示的是世界银行在《里约后五年—环境政策的创新》一书中总结的里约会议 5 年来世界各国为实施可持续发展在环境政策方面的创新，其中提出了创新政策矩阵。

上述政策创新包括四个方面：一是利用市场的政策：利用市场和价格杠杆对资源进行合理配置。如减少补贴、征收环境税或使用费、实施押金—返还制度及专项补贴等。二是创建市场的政策：针对环境资源和服务市场的缺失，创建市场。如明晰产权、分散权力实行可交易的许可证与配额等。三是规章制度与控制手段：针对环境问题制定规章和措施，如制定标准、发布禁令、发放许可证与配额等。四是信息公开与公众参与：鼓励公众参与环境管理的政策，如生态标志、公众知情计划、工业废物交换计划、社区压力等。

根据上述政策体系的构建原则和对相关国际经验的借鉴，以河北省农村生态环境建设的政策需求分析为基础，河北省推进农村生态环境建设的政策支撑体系构建应包括三个层面：

第一层面：基础政策，即以加强农村环境综合整治，促进生态农业发展为目标，包括防治水土流失，保护森林、草原、耕地和水源等的法律、法规和规章，加强农村污水处理、生活垃圾处理、畜禽粪便处理等的法律法规、条例和管理办法，以及相关各项环境标准和规范等内容的政策体系。

第二层面：核心政策，是为了消除农村生态环境建设中的外部性，按照"外部性内部化"的思想，并重点体现"污染者治理、受益者补偿"的市场化原则，综合运用财税、投资、信贷、价格等市场机制的政策措施和制度，包括环境税收政策、排污收费制度、生态补偿机制、排污权交易制度以及绿色信贷和绿色保险等制度。

第三层面：辅助政策，主要包括加强环境监管、信息披露、建立健全农村环保组织管理体系（向农村基层的延伸）的政策和制度以及加强农民环保意识的宣传教育政策等。

上述三个层面的政策体系构成相互补充，互为支撑。其中，以法律法规为主体的基础政策是其他两类政策制定和实施的法律依据和基础；以市场化手段作为政策工具、具有长效经济激励作用的核心政策，是落实农村生态环境建设相关法律法规和规章的具体方法和措施；而旨在加强环境治理中的有效管理和监督，充分发挥政府和广大农村公民作用的辅助政策的建立和完善，是保证核心政策和制度有效运行的前提和保证，因此，也可以把辅助政策看作是核心政策的外围支持政策。上述政策体系的结构如图8－1所示。

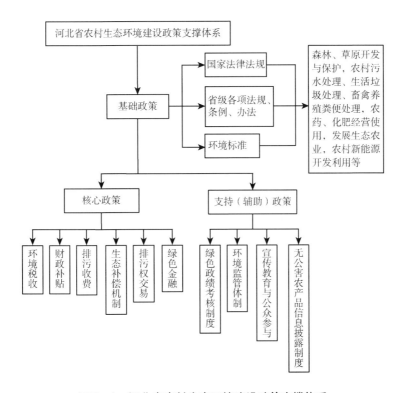

图8－1　河北省农村生态环境建设政策支撑体系

此外，有关农村污染治理、废弃物综合利用的相关技术研发政策也是农村生态环境建设政策体系的重要组成部分，在形式上可以融入上述政策类别之中。在政策表现形式上，上述各类政策可以是法律法规，也可以是规章制度、指导文件、标准和准则。所以，图8-1的农村生态环境建设政策体系框架也是农村生态环境建设的法律法规制度框架。在政策手段上，应该是命令—控制手段、经济激励手段、自愿手段和信息公开手段的组合。

需要说明的是，在本书的研究中，核心政策是充分运用市场机制实现对环境污染治理和环境保护行为的相关规定和措施，是对促进生态环境建设具有长效机制的政策和制度安排，同时也是本书重点主张的政策和制度创新内容，因此，有关核心政策的内容体系将在第九章展开，而基础政策和辅助政策的内容体系在本章的下部分进行阐述。

二、基础政策体系和制度构建

基础政策是实施农村生态环境保护的最根本和普遍适用的指导政策，是统领社会经济和资源环境开发利用等方面的实践，其实质上是实现农业和农村可持续发展的基本制度。主要包括实现各项环境保护目标的环境标准和有关农村环境保护的法律法规、条例等。如针对防治水土流失，建立相关的保护森林、草原、耕地和水源等的法律法规和制度；防止农村生态环境恶化，加强农村污水处理、生活垃圾处理、畜禽养殖粪便处理等有关环境污染治理的法律法规和制度；加强生态农业建设，促进农村新能源开发利用和农业循环经济发展的法律法规等。

具体而言，河北省农村环境保护的基础政策包括三部分：一是落实国家的环境保护与治理农村环境污染的法律法规，出台相关条例；二是结合我省的环境污染特征和生态环境建设的要求，补充和完善现有国家法律中缺失的相关法规、条例；三是制定和完善农村生态环境保护的各项环境标准。

1. 落实国家农村环境保护与污染治理的法律法规，出台相关条例

目前，国家出台的有关农业污染防治和农村环境保护的相关法律共有20

多部，国务院及各部委颁布并实施的相关行政法规和规章有数十个（见表 8 -
2）。为更好地贯彻和落实国家的法律法规和政策，河北省结合本省环境污染
的实际情况和农村生态环境建设的具体目标，也陆续出台了一部分相关规章
和条例（见表 8 - 3）。

表 8 - 2　　　　　　我国现行有关农业污染防控的法律法规政策

政策类型	法律法规政策名称	制定机关	发布日期
法律	中华人民共和国可再生能源法	全国人大常委会	2009 - 11 - 13
	中华人民共和国节约能源法	全国人大常委会	2009 - 11 - 13
	中华人民共和国循环经济促进法	全国人大常委会	2008 - 09 - 01
	中华人民共和国水污染防治法	全国人大常委会	2008 - 02 - 29
	中华人民共和国城乡规划法	全国人大常委会	2007 - 10 - 31
	中华人民共和国农产品质量安全法	全国人大常委会	2006 - 11 - 1
	中华人民共和国可再生能源法	全国人大常委会	2005 - 02 - 28
	中华人民共和国固体废物污染环境防治法	全国人大常委会	2004 - 12 - 29
	中华人民共和国防沙治沙法	全国人大常委会	2003 - 12 - 03
	中华人民共和国草原法	全国人大常委会	2002 - 12 - 28
	中华人民共和国环境影响评价法	全国人大常委会	2002 - 10 - 28
	中华人民共和国水法	全国人大常委会	2002 - 10 - 01
	中华人民共和国清洁生产促进法	全国人大常委会	2002 - 06 - 29
	中华人民共和国渔业法	全国人大常委会	2000 - 10 - 31
	中华人民共和国大气污染防治法	全国人大常委会	2000 - 04 - 29
	中华人民共和国乡镇企业法	全国人大常委会	1997 - 01 - 01
	中华人民共和国农业法（摘录）	全国人大常委会	1993 - 07 - 02
	中华人民共和国水土保持法	全国人大常委会	1991 - 06 - 29
	中华人民共和国环境保护法	全国人大常委会	1989 - 12 - 26
	中华人民共和国标准化法	全国人大常委会	1988 - 12 - 29
	中华人民共和国土地管理法（1998 年修正）	全国人大常委会	1986 - 06 - 25
	中华人民共和国森林法（1998 年修正）	全国人大常委会	1984 - 09 - 20
	中华人民共和国宪法（环境保护条款摘录）	全国人大常委会	1982 - 12 - 04
	中华人民共和国海洋环境保护法	全国人大常委会	1982 - 08 - 23
	关于实行"以奖促治"加快解决突出的农村环境问题实施方案的通知	国务院	2009 - 02 - 27

续表

政策类型	法律法规政策名称	制定机关	发布日期
行政法规	全国污染源普查条例	国务院	2007 – 10 – 16
	排污费征收使用管理条例	国务院	2003 – 01 – 02
	中华人民共和国水污染防治法实施细则	国务院	2000 – 03 – 20
	建设项目环境保护管理条例	国务院	1998 – 11 – 18
	中华人民共和国农药管理条例	国务院	1997 – 05 – 08
	中华人民共和国野生植物保护条例	国务院	1996 – 09 – 30
	中华人民共和国自然保护区条例	国务院	1994 – 10 – 09
	中华人民共和国水土保持法实施条例	国务院	1993 – 08 – 01
	中华人民共和国资源税暂行条例	国务院	1993 – 12 – 25
部门规章制度	中央农村环境保护专项资金管理暂行办法	财政部、环境保护部	2009 – 04 – 21
	关于加强农村环境保护工作的意见	环保总局、发改委、农业部、建设部、卫生部、水利部、国土资源部、林业局	2007 – 11
	国家级自然保护区监督检查办法	国家环境保护总局	2006 – 10 – 26
	建设项目环境影响评价文件分级审批规定	国家环境保护总局	2005 – 11 – 23
	农药限制使用管理规定	农业部	2002 – 08 – 01
	畜禽养殖污染防治管理办法	国家环境保护总局	2001 – 05 – 08
	秸秆禁烧和综合利用管理办法	环保总局、农业部、财政部、铁道部、交通部、中国民航总局	1999 – 04 – 12
	环境标准管理办法	国家环境保护总局	1999 – 04 – 01
	关于加强乡镇企业环境保护工作的规定	环境保护局、农业部、国家计划委员会、国家经贸委	1997 – 03 – 05
	基本农田保护区环境保护规程（试行）	农业部	1996 – 09 – 06
	防治尾矿污染环境管理规定	国家环境保护局	1992 – 08 – 17
	饮用水水源保护区污染防治管理规定	国家环境保护局、卫生部、建设部、水利部、地矿部	1989 – 07 – 10
	全国环境监测管理条例	城乡建设环境保护部	1983 – 07 – 21

资料来源：（1）农业生态环境政策法规数据库，中国农业生态环境网，http：//www. public. tpt. tj. cn；（2）现行有效的国家环保部门规章目录（环境保护部公告 2010 年 第 96 号），环保部网站。

表 8 – 3　　　　　　　　河北省已出台的有关农村环境保护的规章制度

法律法规政策名称	实施时间	制定机关
关于进一步加强环境保护工作的决定	2012 年 4 月 9 日	河北省人民政府
河北省生态环境保护"十二五"规划	2012 年 1 月 17 日	河北省人民政府
河北省减少污染物排放条例	2009 年 7 月 1 日	河北省人大常委会
关于加强农村环境保护工作的通知	2008 年 3 月	河北省人民政府
关于集中开展村庄环境综合整治工作的意见	2010 年 7 月	河北省委、省政府
河北省白洋淀水体环境保护管理规定	2007 年 10 月 22 日	河北省人民政府
河北省环境保护条例（新）	2005 年 5 月 1 日	河北省人民政府
河北省农业厅无公害农产品管理办法（试行）	1999 年 4 月 27 日	河北省农业厅
河北省农业环境保护条例（2002 年修订）	1997 年 1 月 1 日	河北省人大常委会
河北省大气污染防治条例	1996 年 11 月 3 日	河北省人大常委会
河北省水污染防治条例	1997 年 10 月 25 日	河北省人大常委会

资料来源：河北省环境保护厅网站 – 法律法规，http：//www.hebhb.gov.cn。

　　上述法规、条例和政策虽然对河北省农村环境保护工作的开展发挥了有效的促进作用，但在有关农村环境污染治理，水土流失的治理，特别是针对当前急需解决的农村饮用水安全问题，以农村生活污水、生活垃圾、畜禽粪便的随意排放导致的水污染及农药、化肥的大量使用导致的土壤污染为特征的农村面源污染及其防治问题，尚缺乏相关必要的能够有效发挥作用的法规、条例和实施办法。为此，河北省政府应在落实《中华人民共和国清洁生产促进法》《中华人民共和国水污染防治法实施细则》《饮用水水源保护区污染防治管理规定》《畜禽养殖污染防治管理办法》《秸秆禁烧和综合利用管理办法》《中华人民共和国乡镇企业法》的基础上，进一步加快出台以下法规条例和实施细则，完善环境管理制度，加大环境治理力度。

　　（1）《河北省农村环境保护条例》。

　　在落实河北省委、省政府《关于集中开展村庄环境综合整治工作的意见》（2010 年 7 月）的基础上，加快出台《河北省农村环境保护条例》，明确提出河北省农村环境综合整治工作的长期目标、任务和具体内容，规定各级政府在农村环境综合整治工作中的责任和义务，并提出相应的考核标准，对违反规定和工作不力的，制定相应的惩罚措施，以推动农村环境综合整治工作的进一步开展。

（2）《河北省饮用水源保护区污染防治条例》。

明确河北省内各集中式饮用水源保护区的行政主管部门主体和职责，制定饮用水源保护区的划分范围和分级标准；规定禁止对水源造成污染、破坏的各项行为；对饮用水源保护区的监督管理工作提出具体要求；对污染、破坏饮用水源保护区的各项行为做出惩罚规定。

（3）《河北省畜禽养殖污染防治条例》。

明确河北省畜禽养殖污染防治的范围、原则，各级行政主管部门及其职责；对畜禽养殖场所的建设规模、选址布局、废弃物的排放标准以及无害化处理和综合利用等进行具体规定和要求；对禽养殖废弃物的排放明确排污收费原则和标准；对违反环境管理规定、违反建设项目环境保护规定以及对环境造成损害的行为规定具体的处罚措施。

（4）《河北省秸秆禁烧和综合利用实施管理办法》。

制定关于农作物秸秆综合利用宣传工作的实施意见和奖惩政策，促进秸秆综合利用；完善农作物秸秆处理及综合利用实施方案，制定农作物秸秆机械化还田及综合利用规划，建立对农作物秸秆机械切碎还田的补贴政策，明确补贴标准、补贴对象和有关申请补贴的流程。

（5）《河北省推进农业清洁生产实施条例》。

由于农业污染的空间分散性与异质性，使得目前各类统一执行的政策标准在实施中存在着极大困难。小规模农户经营模式和农民经济实力的弱小使得在点源污染控制领域行之有效的排污收费、排污权交易、生态补偿等机制不能有效发挥作用。因此，加强对农业面源污染的源头防治则成为重要的举措。河北省应加快出台《河北省推进农业清洁生产实施条例》，建立相应的促进机制。首先，要加大农业清洁生产的扶持力度，将农业清洁生产纳入各地区农业产业与环保发展规划，制定和落实有利于实施农业清洁生产的产业政策、技术开发推广政策，建立农业清洁生产政策扶持机制和技术服务体系。其次，要统筹规划，部门协调，有序推进。以农林部门牵头，环保、科技、质量技术监督等部门协调配合，制定相应的养殖、种植细分行业的清洁生产分阶段推进目标和计划。最后，要建立符合省情的农业清洁生产奖励机制。

如继续强化包括有机肥、低毒农药、精量喷施设备等农资生产销售的免税政策，实行化肥、农药减量施用的补贴机制等。

（6）《河北省乡镇企业环境保护规划》。

按照《中华人民共和国乡镇企业法》第三十五条和第三十六条的规定，"乡镇企业必须遵守有关环境保护的法律、法规，按照国家产业政策，在当地人民政府的统一指导下，采取措施，积极发展无污染、少污染和低资源消耗的企业，切实防止环境污染和生态破坏，保护和改善环境。地方政府应当制定和实施乡镇企业环境保护规划，提高乡镇企业防治污染的能力。乡镇企业建设对环境有影响的项目，必须严格执行环境影响评价制度。乡镇企业建设项目中防治污染的设施，必须与主体工程同时设计、同时施工、同时投产使用。防治污染的设施必须经环境保护行政主管部门验收合格后，该建设项目方可投入生产或使用"。因此，河北省政府应尽快出台《河北省乡镇企业环境保护规划》，明确县、乡（镇）各级政府对乡镇企业环境保护所承担的管理和监督的责任和义务，规定具体的行政职责；对乡镇企业在生产和经营活动中的环境保护责任、限制环境污染的行为等做出明确规定；对违反规定的行为制定处罚措施和标准。

此外，应加快对《河北省大气污染防治条例》《河北省水污染防治条例》的修订和完善工作，突出有关农村的水环境保护和大气环境保护的规定和要求。

2. 补充和完善缺失的农村生态环境建设法律法规和条例

由于目前国家在有关农药的使用、土壤污染防治等方面的法律还不健全，为此，河北省应从自身的省情出发，积极进行该领域的制度创新，抓紧研究、尽快出台有关完善土壤污染防治的法律法规。主要有：

（1）《河北省土壤污染防治条例》。

我国现行土壤污染防治法律条款分布比较零散，缺乏对农业用地土壤污染防治的专门性、针对性和系统性规定，并且未规定法律责任主体，未设定法律责任。因为农业生产经营组织和农业生产者不用承担土壤污染修复或赔偿责任，所以造成化肥和农药的过度使用。从国家层面来看，应尽快制定《土壤污染防治法》，完善土壤污染防治的法律、法规体系；河北省则应制定相应的配套政策，如出台《河北省土壤污染防治条例》，以加强土壤污染防治工作，履行政府在农业用地土壤污染防治过程中的监督、指导职责，建立健全农药、化肥、农膜的标准体系，加强对农药、化肥及其废弃包装物，以及农膜使用的环境管理。

（2）《河北省农药经营使用管理规定》。

通过行政和立法手段，加强对农药尤其是高毒农药使用的规范化管理。明确政府部门对农药的生产、经营和使用进行管理的具体责任主体，划分职责范围；规定农药的生产、销售必须进行严格的登记制度；对农药使用中有可能损害环境的行为提出明确限制要求；全面禁止生产、销售和使用假农药、劣质农药，对违反规定的行为进行处罚。

（3）《河北省矿山环境保护条例》。

为加强矿区环境综合治理，按照"谁开采，谁保护""谁破坏，谁治理"的原则，明确矿山生态环境保护责任，建立矿山生态环境保证金制度，多渠道融资开展矿山生态环境恢复和治理工作。新建矿山应严格执行环境影响评价、地质灾害危险性评估和"三同时"制度，采取有利于当地生态环境保护的工期和开采方式，最大限度地减少对生态环境的破坏。已建矿山按照"绿色矿山"建设标准的要求，认真贯彻落实《河北省矿山环境保护与恢复治理规划》，积极开展闭坑矿山和老矿山的环境恢复治理，重点矿区矿山生态环境要得到有效整治。

3. 制定和完善农村生态环境保护的各项标准

尽管国家现有环境保护的各项标准多达900多项，但针对农村环境质量和污染排放的标准为数较少（见表8-4），特别是围绕农村的空气质量、水质安全的环境标准，以及废水、废气、固体垃圾的排放、处置标准等基本空白。

表8-4　　　　　　　　　　国家有关农村环境污染防治的标准

标准名称	制定机关	实施时间
农业固体废弃物污染控制技术导则	环境保护部	2011-01-01
农药使用环境安全技术导则	环境保护部	2011-01-01

续表

标准名称	制定机关	实施时间
化肥使用环境安全技术导则	环境保护部	2010 – 05 – 01
饮用水水源保护区标志技术要求	环境保护部	2008 – 06 – 01
饮用水水源保护区划区技术规范	国家环保总局	2007 – 02 – 01
食用农产品产地环境质量评价标准	国家环保总局	2007 – 02 – 01
温室蔬菜产地环境质量评价标准	国家环保总局	2007 – 02 – 01
畜禽养殖业污染物排放标准	国家环保总局、国家技监局	2003 – 01 – 01
畜禽养殖业污染防治技术规范	国家环保总局	2002 – 04 – 01
土壤环境质量标准	国家环保总局	1996 – 03 – 01
农田灌溉水质标准	国家技监局、国家环保总局	1992 – 10 – 01

资料来源：中华人民共和国环境保护部．国家环境保护标准，环保部网站数据中心．

为此，建议河北省政府应在严格执行国家有关农村环境污染防治各项标准的基础上，按照地域特点，借鉴美国、日本等国家有关水质安全、水污染防治的经验，加快制定本省的村镇污水、垃圾处理及设施建设的标准和规范。主要包括《河北省农村工业废水、废气及固体废弃物排放标准》《河北省农村饮用水源地水质标准》《河北省规模化畜禽养殖场的建设标准》《河北省畜禽粪便处理及利用技术导则》《河北省无公害农产品质量认定标准》等。其中尤为重要的是，对于饮用水水源地而言，一般根据排放口所处的功能类别确定排放标准，而这类标准一般要求较高，使得农村生活污染防治面临较大困难。应根据各地的经济发展水平、地形气候状况等分类制定。尽快制定出台符合我省实际的农村生活污水排放标准。

三、辅助政策体系和制度构建

1. 建立健全农村环境监管体制和制度

由于农村地域辽阔，且污染者（源）数量众多，导致环境责任难以确认，环保监管在农村近于真空。环境政策的落实需要有专门的机构和组织来执行，而目前河北省农村许多乡镇没有专门的环境管理机构，单一的乡镇监督部门没有足够的人员和资源支付众多行政管理成本，环保职能基本没有履行。因此，完善河北省农村生态环境监管体制，建立监管制度是实现农村生态环境保护的重要保障。

第一，明确环境管理权责，建立权力统一集中的环境管理执法体系。目前农村环境管理低效的根本原因之一是执法主体繁杂，权力分散，权责不明，没有形成明确的垂直上下级关系。例如，农业生产中土壤污染问题归农业部门主管；有关天然林保护工程及退耕还林工程及其生态补偿由林业部门实施，水污染治理及水资源的保护则属于水利部门负责。为此，必须改革现有的管理体制，把分散的环境执法管理权集中起来，建立一个统一的、垂直管理的专门环保机构体系，由各地环保局担当执法主体，负责全部农村领域的环境管理工作，受一级环保机构管辖、监督，不隶属当地政府，但各地政府必须参与辅助本地环保机构工作。

第二，建立健全农村基层环境管理监测机构，完善农村环境管理基础体系和能力建设，逐步实现城乡环境保护监督管理一体化。针对农村地域广阔，环境问题具有小、多、杂的特点，必须在乡镇环保部门增加人力、物力、财力，甚至要建立村一级的环境保护组织，或配备专门人员进行环境管理和监测工作，为农村环境保护提供组织上的保障。同时，建立农村生态环境监测制度，加快建立省、市、县高效、快速的农村生态环境监测体系，加强对基本农田、农村饮用水水源保护区、自然保护区、重要生态功能保护区、规模化畜禽养殖场和重要农产品产地等的环境监测；研究制定农村环境监测与统计方法、农村环境质量评价标准和方法，开展农村环境状况评价工作。

第三，严格执行环境违法处罚制度。对农村环保违法行为，要依法严厉打击，不徇私情。建议河北省政府出台相关的法规，赋予环境保护行政机关直接行政强制执行权，赋予环境保护部门查封、冻结、扣押等必要的强制执行权力，使环境保护执法真正地硬起来；县及乡镇人大要加强环保执法的监督和检查，以促进农村环保工作的有序开展；县级环保部门要适度授权给乡镇环保机构，以加大环保执法力度，更好地开展环保执法工作。同时，严格建设项目审批制度。对于县、乡镇各级农村建设项目的审批，有关部门要严格把关，把环保作为"前置"条件，认真履行职责。只要有污染，对生态有破坏，无论什么项目，一律不予审批；对批准建设的项目，也要加强全过程监管，确保"三同时"制度的落实。

2. 健全农村环保宣传教育制度，建立公民参与制度

（1）健全农村环保宣传教育制度。

农民的环境意识是解决当前我国农村环境问题的关键所在，因为农民是农村环境保护与破坏的主体，农民的环境意识水平高，环境保护的力度才会大，环境保护的措施才能实行到位。一要强化基础教育制度。环境意识水平的高低取决于个体的科学文化素质水平，因此，提高农民的环意识就必须从基础教育做起，严格执行九年义务教育制度，从根本上提高农民的科学文化素质，为提高环境保护意识奠定良好基础。这就需要河北省政府加大对农村基础教育的投入力度，逐步增加农村教育经费在政府财政支出中的比例，加强对农村师资力量的培训和培养，并积极出台有关激励政策和措施，提高广大农村教师的工资待遇和福利水平，使他们安心于农村的教育事业。二要健全生态环境教育制度。当前农村环境意识不强，主要表现在农村居民普遍漠视环境问题，环境科学知识贫乏且消极对待环境保护活动等诸多现状，必须强化县、乡镇各级政府部门的宣传教育职责，通过建立长期的教育培训制度，有规划、有步骤地采取措施加强对农民的环境知识教育、生态道德教育，来提高农民的环境意识水平，从而挖掘农民对农村环境治理的内在需求。要定期对农村各利益主体进行环保政策、法律、法规的知识培训，切实提高农村居民的环境保护行为意识；加强他们对污染危害的深刻认识，增强保护环境的自觉性。开展多形式、多层次的贴近实际、贴近生活、贴近群众的宣传教育活动，如设立开放的信息平台，通过公告栏、定期广播等公开村内环境事件，褒扬先进，批评落后，引导农村居民关注和参与村内的生态建设和环境保护工作。

（2）积极构建环境公众参与制度。

公众参与制度，是公众及其代表根据国家环境法律赋予的权利和义务参与环境保护的制度，是政府或环保行政主管部门听取公众意见，依靠公众的智慧和力量，制定环境政策、法律、法规，确定开发建设项目的环境可行性，监督环境法的实施，调查处理污染事故，保护生态环境的制度。

1992 年在巴西召开的联合国环境与发展大会上，《里约宣言》指出：环境问题的最终解决需要所有公民的参与；从国家层面考虑，每个公民应有适当的途径获得有关公共机构掌握的环境信息，其中包括关于他们生活的社区内有害物质和活动的信息，而且每个人应该有机会参加决策过程；各国政府应广泛地提供信息，从而鼓励和促进公众了解环境和参与环境事务；应提供采用行政程序和司法的有效措施，其中包括补救措施和赔偿。

在中国的环境立法中，虽然也有关于公众参与的规定，如《环境保护法》第六条规定："一切单位和个人都有保护环境的义务，并有权对污染和破坏环境的单位和个人进行检举和控告。"但现行立法中关于公众参与的规定，过于原则和抽象，缺乏可实施性；而且公民及其团体在法律上的地位不明确，甚至没有法律地位，更没有积极鼓励公众广泛参与的激励机制，使得环境保护的公众参与存在困难。同时，我们的公众参与不同于西方国家的那种自下而上的公众参与，而大部分是政府主导下的自上而下的公众参与。因此，在解决农村环境问题的过程中，由于这种自上而下的公众参与本身缺乏系统性和持续性，并且在很大程度上受相关行政部门态度的影响，从而造成了公众参与难以达到对政府决策和政府政策执行的有效监督。

日前，《河北省环境保护公众参与条例》已经河北省第十二届人民代表人会常务委员会第十一次会议于 2014 年 11 月 28 日通过，并于 2015 年 1 月 1 日起施行。以此为基础，各级政府应积极采取措施，推进环境保护公民参与制度的落实和推进，包括积极鼓励和引导建立农村民间绿色协会或环保组织，有效监督农村环境保护工作。民间环保组织是民众自发组成的、以环境保护为主旨，不以营利为目的，不具有行政权力并为社会提供环境公益性服务的民间组织，简称环保 NGO（no-govermental organizations），即非政府组织。环保 NGO 作为公众群体代表，也是公众话语权的代言人，在影响政府环境政策、监督政府更好地履行环保职责、从事环境宣传教育、推动公众参与等方面都起了积极的作用。近年来，在河北省政府的大力扶植下，河北省的各级环保组织已达 50 多家（包括政府发起的和民间自发组成的），其中由政府发起的各种学会和协会形式的有 30 多家，但相对而言，民间的环保组织还为数较少，特别是农村领域（范围）的民间环保组织还几乎是空白。因此，河北省各级政府要积极推动农村环保组织的建设，尤其对于农民而言，NGO 作为民间组织，能更好地通过与广大农民接触，从而更有效地进行农村环境治理。同时，还应加快建立和完善农村环境事件的举报、信访制度，建立健全农民信息和意见反馈渠道和机制，提高农民环境保护的责任感和参与意识。

3. 建立绿色政绩考核制度

由于当前我国政府的绩效评价机制仍是以 GDP 为主导，地方政府很难因为仅有的环保政策，而放弃发展经济、实现 GDP 的目标。环保政策作为一项环境经济政策，难以改变政府考评机制，两者之间的矛盾，成为各地推进环保政策机制的一大制度障碍。为此，建议河北省尽快出台相关的政策措施，结合河北省生态环境建设的目标和任务，对地（市）、县、乡等各级政府的绩效考核机制进行改革，把生态建设和环境保护的责任和目标纳入各级政府的考评体系，要将环保目标细化量化，分解落实到各乡镇人民政府，签订目标责任书，严格考核奖惩，并将考核结果作为干部使用的依据。要在目前的政府考核体系中，增加生态环境建设的相关指标，特别是对纳入限制开发、禁止开发的地区，其政府的考评体系更需要以生态环境保护为主线，进行必要的调整。这种调整，还必须和财政管理体制相结合，实现对各地区、各乡镇的环境责任、业绩、资金等配套管理，才能从用人和用财两个方面，体现出更好的激励与约束机制。

4. 建立无公害农产品信息披露制度

如前所述，由于农业生产中大量投入化肥、农药不仅对农村的生态环境造成严重破坏，而且也严重影响了农产品的质量安全。为此，2001 年中国政府启动了"无公害食品行动计划"，以农产品生产源头控制为重点，加强农业投入品监管和农业生产环境治理。国务院于 2003 年颁布了《中华人民共和国农产品质量安全法》，相关各部委陆续制定和出台了农产品质量标准、无公害农产品质量认证以及农产品质量安全检测制度等。2007 年 7 月 25 日，农业部进一步推出加强落实农产品产地安全管理制度、农产品生产档案记录制度、农产品标识制度、农产品质量安全监测制度、农产品质量安全信息披露制度等六项措施，对有效保障农产品质量安全发挥了重要作用。但上述法律法规及政策措施更多地是以行政命令手段强制实施的，在某种程度上取决于行政执法的程度和力度，因而对农产品生产者缺乏长久的内在激励。而现实中，频频爆发的农田污染，蔬菜、水果农药超标、重金属超标等农产品质量问题也足以证明只有行政手段显然是不够的，农产品生产经营活动归根结底是遵从利润最大化行为目标的。因此，必须充分运用市场化手段来影响农户的决策。一方面，为减少农业生产对生态环境的破坏，从投入的角度可采取对化肥、农药的使用进行征税，提高投入成本，从而减少过量的化肥、农药使用以保护环境；另一方面，应从产出的角度积极出台相应政策措施引导农民主动提高农产品质量、积极生产绿色产品，促进绿色产品消费，保障农户的经济利益。

（1）建立无公害农产品信息披露制度。

建议河北省在落实农业部有关《农产品质量安全信息发布制度》的基础上，进一步出台相关规定，通过市场调节手段，引导农民生产无公害绿色食品。一是做好无公害农产品的信息发布工作，及时、准确地向社会传递农产品质量安全、产销动态等信息，更好地引导产销和消费。二是制定和完善无公害农产品认定管理办法，建立农产品市场质量评价制度；建立农产品质量安全监测制度，从监测方案制订、抽样与检测、数据分析评价和监督管理等方面进行规范，以保证监测的客观公正，科学有效。三是对各类农产品尤其是蔬菜实行严格的市场准入和检验制度，有害物超标的农产品限制入市交易。

（2）大力推行和完善政府绿色农产品采购制度，引导绿色消费。

政府绿色农产品采购，是指政府在提高采购质量和效率的同时，应从社会公共的环境利益出发，采取优先采购和禁止采购等一系列政策措施，直接驱使农产品的生产、经营和销售活动有利于环境保护目标的实现。政府的绿色农产品采购制度不仅能将数千亿政府支出引向"绿色农产品"消费，更重要的是，政府采购具有表率功能，政府通过绿色采购引导企业的环保意识，让企业重视自己的环保责任，同时，绿色采购对消费者和消费市场具有重要的指导和示范作用，有利于促进公民环保意识的提高，加快绿色消费市场的形成。据资料显示，84%的荷兰人，89%的美国人和90%的德国人在购物时都会考虑环境友好型产品。可见，政府的绿色采购以及消费者的绿色消费理念会极大地促进绿色消费市场的形成。

为此，河北省政府应加快政府绿色农产品采购制度的建立，尽快出台相关政策措施。具体包括：一是制定适宜的采购标准和准则，在无公害农产品认证制度得以实施和完善的条件下，制定绿色农产品采购标准和清单，对农产品的农药含量、化肥施用情况以及加工、包装、运输等各个环节加以规范；二是建立完善的政府绿色农产品采购实施计划，包括拟采购的绿色农产品数量、种类，以及采购的方式、渠道等各环节都予以明确，并通过政府采购与招标信息公开制度予以事先公告，并依据计划贯彻实施，从而对绿色农产品市场的建立和发展发挥长效作用；三是建立相应的价格补贴政策，充分运用财政补贴、税收减免、低息贷款等政策手段对从事无公害农产品的生产、运输和经营活动给予扶持和激励；四是建立政府绿色采购信息平台，公开政府的采购信息，并按一定规范定期发布，建立有效的公众监督机制。

第九章
基于市场化手段的农村生态环境建设核心政策

核心政策是在基础政策之上，制定反映基础政策的原则和要求的政策措施和制度安排。主要包括基于市场机制的有关农村和农业经济活动中污染者治理、受益者补偿的政策和制度规定，包括综合运用财税、投资、信贷、价格等方面的政策措施和制度安排。

核心政策是直接推动农村生态环境保护实践的政策。在核心政策体系构建中，特别要注意切实落实和用足用好现有有利于农村生态环境建设的政策，并进行适当调整和整合；同时，完善薄弱政策，补充缺位政策。

一、完善农村环境保护的税收制度

在实施环境保护的经济手段中，税收是最直接有效的手段之一。我国现有的税收体系中有关环境保护的税种为数很少，只有资源税、城市建设维护税、城镇土地使用税、部分消费税、车船使用税和车辆购置税等，而其中涉及农村生态环境保护方面的基本上是空白。为此，建议政府加快税收制度改革，建立和完善与农村环境保护相关的税收政策。

一是改革和完善资源税，建立生态补偿税，促进资源合理配置。目前，我国资源税的征收范围过于狭窄，基本上只包括矿产资源和盐两大类，而且税率较低，这对于土地、草原、森林以及水资源等的可持续开发利用十分不利。而许多发达国家都将矿产资源、土地资源、水资源、草场资源、森林资源、海洋资源等纳入资源税的征收范围。因此，为全面保护资源，提高资源的有效利用，建议政府加快推进自然资源费改税，建立以恢复生态系统平衡、维护生态安全为目的的全新生态补偿税体系，并逐步提高税率，尤其是对一些非再生性、稀缺性资源等课以重税，提高其使用成本，减缓资源的耗竭。目前，应首先将水资源费、矿产资源费和矿区使用费、森林资源费等分别改成矿产资源生态补偿税、流域水资源生态补偿税、森林资源生态补偿税。根据对生态性自然资源的开发利用情况，采用从量计征，计税依据应是生态性资源的所有开采量或利用量。

二是应尽快优先开征以化肥税、农药税为主要构成的环境税。基于环境税具有提高经济效率和实现环境目标的双重潜力，自 20 世纪 70 年代起，世界各国逐步开始把环境税作为保护自然环境和维护生态平衡的一项重要政策。目前，世界上许多国家都开征了环境税、生态环境补偿税。如奥地利从 1986 年开始征收化肥税，尽管税收水平很低，但对化肥使用量有明显的影响。比利时从 1991 年开始在 Flemish 地区对剩余粪肥征税，其税收收入用于资助负责处理粪肥的 "Mestbanr" 组织。丹麦对零售杀虫剂按 20% 的税率征税。芬兰 1990 年 1 月引入磷肥税，1992 年氮也被纳入征收范围，其税收收入专项用于农业部门的环境投资。芬兰还实行杀虫剂等级和控制收费。瑞典生产和使用农药、肥料均要上税。挪威、芬兰、英国等实行了自然资源开发税、森林开发税、土地增值税、垃圾控制税等税收制度。借鉴发达国家的经验，为有效遏制农业生产中投入的农药、化肥等对土地、水环境的污染和破坏，河北省应尽快对农药、化肥、农用薄膜的使用等进行征税，考虑到目前我国现行税收政策对农药、化肥的使用是给予一定的补贴的，因此在税率的确定时可先适当采取低税率，以后再逐渐提高。

二、健全农村环境保护的财政补贴政策

财政补贴是指政府以补助、贴息等财政支出形式鼓励提供环保产品和污

染控制。一般有两种做法：一是直接性财政补贴。如瑞典政府对农场采取措施提高其肥料储存能力，提供20%的补贴；德国对农业区被指定为水源保护区的农民给予一定补贴；芬兰对修建与扩大粪尿和青贮饲料储存设施以及耕作制度进行植物留茬覆盖的提供补贴；我国政府根据乡镇企业治理污染的努力程度即减少污染生产量的程度给予资金补贴等。二是间接性财政补贴。如我国政府规定对利用乡镇企业"三废"、农业生产资源循环模式生产出来的产品给予税收减免等优惠。河北省目前对于开展农村资源综合利用与乡镇企业治污的财政补贴仅限于少数几项间接补贴，如利润不上缴、税收减免、先征后返等。总的来说，力度不大，效果甚微。

河北省要加强农村生态环境建设，必须建立有利于农村环境保护的财政补贴政策。

1. 减少或取消与农村环保不相符的财政补贴，使资源和商品的价格真正反映其环境成本

如国家现行政策中对化肥、农药等产品的财政补偿，人为地降低了其消费的成本，随之而来的只能是在生产和消费中的大量浪费和环境污染。因此，减少或取消造成大量污染的规模化、高耗能的农业补贴是保护农村生态坏境必然的要求。目前，许多发展中国家进行了土地、农用化学品的价格改革，如印度尼西亚和孟加拉国减少了对农药和肥料的补贴，反而增加了粮食产量，提高了生产效率并减少了对环境的负面影响。巴西取消了导致过量土地开垦的补贴，也起到保护生态环境的效果。

2. 建立有利于农村生态环境建设的补贴制度

（1）建立耕地补贴制度。

通过完善耕地等级评价制度和借鉴英国政府采取的"环境许可证"制度的做法，把农业生产与环境保护紧密结合起来，使农户不仅是农产品生产者，而且还是农村耕地资源的保护者。补贴的标准可以根据耕地的面积与质量变化情况设定，如果农户的耕地质量从低级提升到高级，则给予一定的补贴；若从高级降到低级，则不予补贴并进行相应的处罚。

（2）对积极发展生态农业的农户和企业给予直接财政补贴。

如对种植施用绿肥、农家肥的农户进行一定数量的补贴，对农作物秸秆还田进行相应的补贴；对开展农业循环经济的企业、经济主体，由于其在建设初期增加技术投入、改进生产工艺等造成的产品成本高于社会平均成本的现象，给予价格性补贴，对畜禽粪尿排泄物的无害化处理和综合利用给予补贴等。

（3）对有利于农村生态环境保护的经济行为进行间接补贴。

间接补贴又称负税，具体手段包括减免税收、比例退税、特别扣除及投资减税等形式。如对污染乡镇企业的关停改转给予适当的经济补偿。解决乡镇企业污染问题，关闭乡镇企业并非治本之策，最多只能见效于一时。乡镇企业能否承受由此带来的损失，是其接受政府采取的调控措施的基本前提。为此，政府应对主动治理和有效控制了环境污染的乡镇企业和民营企业给予一定的税收减免优惠，对实施关、停、改、转等宏观调控措施的污染源企业给予适当的经济补偿，把政府实施宏观调控政策的权利和应尽的责任统一起来，才能有效解决环境问题。

3. 加大对农村生态环境保护的资金投入

由于对环境治理和农村生态环境保护的资金投入具有受益间接、回报慢、公共福利性高等特点，使得财政投资成为农村公共投资的一个重要组成部分。为此，建议河北省政府在进一步落实以奖促治、以奖代补政策，推进农村环境综合整治的基础上，加大对农村生态环境保护的资金投入。一是建立农业生态环境保护专项资金，用于开展农村生态环境保护建设规划、技术培训和项目实施等。如用于加快推进河北省农村户用沼气（包括"三改"设施）建设，支持重要的水源地等区域的畜禽养殖场建设大中型的沼气工程；加强农村集中式污水处理厂建设，垃圾转运站和垃圾集中处理设施建设以及秸秆气化集中供气工程建设；借鉴宁波市镇海区畜禽粪便污染治理的经验，积极推进散养户的畜禽粪便、农作物秸秆等其他污染物的资源化利用的设施建设，构建乡镇范围的畜禽粪便处理中心等。二是将相应的农村环保支出列入经常性预算，用于农村污染防治、环境监测、自然生态保护、天然林保护、退耕还林、还草、农村环境保护事务、风沙荒漠治理等，并使农村环保预算资金随财政收入保持一定比例增长。三是加大农村生态环境保护的科技资金投入，用于研发适合农村特点的、低成本治理农村环境污染的技术与国外先进技术的引进。农业科技投入的重点应放在农业资源的高效利用和环境保护技术的创新方面，力争在农业资源的集约高效利用、农业污染治理、耕地质量保育、生物降解地膜新材料和农村新能源等领域研发一批新产品、新技术等。

三、加快建立生态补偿制度

1. 生态补偿的含义

生态补偿最初源于自然生态补偿，含义为"生物有机体、种群、群落或生态系统受到干扰时，所表现出来的缓和干扰、调节自身状态使生存得以维持的能力，或者可以看作生态负荷的还原能力"，"自然生态补偿"还被定义为自然生态系统对由于社会、经济活动造成的生态环境破坏所起的缓冲和补偿作用。强调的是自然生态系统对外界压力的缓冲和适应能力。

在生态环境管理领域，生态补偿最初的含义是指人们通过采取措施保存生态环境质量或功能的行为，特别是对生态用地的占用补偿，即确保一定区域内生态用地保持在稳定的水平，如湿地补偿、城市绿地补偿等。其实质是对生态资产使用者机会成本的市场补偿，以保障生态资产的生态服务功能的发挥。

将生态补偿作为一种资源环境保护的经济手段加以提出，其理论依据是使"生态环境外部成本内部化"。对于广大农村社会和农业生产而言，由于农民赖以生存的自然资源（土地、森林、草场、河流等）产权不明晰，属于典型的公共资源，因此，无论是对资源的开发利用还是保护都不可避免地产生"外部性"，使得资源利用中的"公地悲剧"和保护行为的"搭便车"现象成为必然，而生态补偿机制的建立则可以通过对有利于生态环境保护的行为给予积极补偿而对其产生激励。生态补偿制度作为一种生态保护的经济手段，一方面可以通过针对破坏生态环境的资源开发和经济建设活动征收生态补偿费，作为对自然资源的生态环境价值所进行的补偿，从而激励企业减少或避免对生态环境的破坏；另一方面可以通过合理的资金分配机制为保护生态环境者提供必要的经济补偿，有助于建立一种长效的生态保护激励机制。概括而言，生态补偿机制作为一种制度，就是通过一定的政策手段实行生态保护外部性的内部化,让生态保护成果的"受益者"支付相应的费用;通过制度设计解决好生态产品这一特殊公共产品消费中的"搭便车"现象,激励人们从事生态保护投资并使生态资本资产增值。

2. 河北省开展生态补偿的实践及存在的问题

生态补偿作为促进生态环境保护与恢复的有效制度,在许多国家和国际组织都有成功的经验与案例。如澳大利亚基于市场机制的流域补偿机制、瑞士的"生态补偿区域计划"、英国的"北约克摩尔斯农业方案"等取得了很好的效果和经验。

近年来,河北省在实施生态补偿机制方面开展了许多工作,取得了宝贵经验。

首先,针对矿产资源(包括煤矿在内)的开采活动,征收了矿产资源补偿费。根据《中华人民共和国矿产资源法》和《矿产资源补偿费征收管理规定》,早在1994年河北省政府出台了《河北省矿产资源补偿费征收管理实施办法》(2002年修正),规定对河北省境内的矿山开采全面征收矿产资源补偿费。并进一步出台《河北省矿产资源补偿费使用管理办法》,以加强矿产资源补偿费的使用管理,提高使用效益,促进矿产资源的勘查、保护和合理开发利用。2007年,按照国土资源部、财政部等联合下发的《关于逐步建立矿山环境治理和生态恢复责任机制的指导意见》文件要求,河北省国土资源厅、财政厅、物价局联合发布了《河北省矿山生态环境保证金管理暂行办法》(冀国土资矿字〔2007〕39号),明确规定新建矿山、改(扩)建矿山和已投产矿山,除开采矿泉水暂不收缴保证金外,其余矿种的矿山企业均应按照《暂行办法》规定足额缴纳保证金,以促进矿产资源合理开发利用,实现矿山及其周边生态环境的改善。

其次,按照国家统一部署,实施京津风沙源治理工程、退耕还林、还草工程。2000年6月河北省率先在张家口、承德两市坝上6县开始退耕还林试点工作,2002年河北省退耕还林工程正式启动。为保障该工程的有效实施,省政府办公厅进一步下发了《关于实施舍饲圈养严禁放牧的通知》和《关于加强封山育林工作的通知》,省退耕办制定并下发了《河北省退耕还林还草工程管理办法》《河北省退耕还林还草工程检查验收办法》以及《河北省退耕还林还草工程县级作业实施细则》，对项目组织、计划、种苗、资金的管理和技术监督及严格施工设计等做了明确规定，确保退耕还林工程实现规范化管理。目前，该工程已取得显著效果。截至 2006 年底，张承地区仅退耕还林一项工程建设面积就超过 1300 万亩。在当地随处可见的高低不等的林草网和灌木带，有效阻挡了风沙进入京津，改善了京津生态环境。

最后，在流域治理方面开展生态补偿政策创新尝试。如第七章所述，2008 年河北省在子牙河流域实施了河流跨市断面水质考核目标责任制，制定了生态补偿金扣缴制度，取得了显著成效，使子牙河水系的水质明显改善。目前，环保部已经确定河北省为全国省级全流域生态补偿的唯一试点。

尽管河北省在生态补偿制度创新和实践方面取得了很大成绩，但目前仍面临一些突出的问题：

一是生态补偿缺乏长期性和稳定性，且补偿范围过窄。河北省目前实施的以政府的"命令—控制"型政策自上而下逐级推动的退耕还林、天然林保护、矿区植被恢复等生态补偿，基本上都是依托特定的生态工程或生态治理规划进行，其补偿缺乏长期性和稳定性。尽管国家有了一些后续的补助措施，但是农户总担心今后政策有变，在很大程度上影响了生态保护效果。与此同时，现有的生态补偿范围过窄，只限于一些特定的工程和项目及流域治理，而对于一些提供了大量生态服务产品的地区、企业和个人，并没有建立补偿机制；与此同时，一些破坏生态系统功能的地区、企业和个人，也没有得到相应的处罚。而国际上，生态补偿制度的实施范围却很广，如美国在农业、自然环境保护、采掘业、流域水管理、环境污染防治等领域均建立了补偿机制，欧盟对有机农业、生态农业、传统水土保持措施，甚至地边田埂生物多样性的保护措施等也都建立了生态补偿机制。

二是由于机制不完善，法规不健全等原因，跨区域（跨省、市）的横向生态补偿难以实现，某些生态保护区付出的代价和生态受保护区付出的生态补偿比例失调。以张家口市为例。为了构建京津绿色生态屏障，近年来，开展了大规模的生态治理活动。2000 年以来，防沙治沙投入生态建设的资金达10 多亿元，林业工程建设总规模达到 92.92 万公顷，其中，"一退双还" 3.84万公顷，占去耕地的 1/4。在全市有林地和近年实施的林业生态工程中，几乎没有经济效益的纯生态林达 79 万公顷。年净损失达 6 亿元左右。① 尽管北京从 2006 年起，每年给张家口、承德两地投入 2000 万元专项补偿资金用于保持官厅水库、密云水库上游地区的水环境，但相对于保护区的付出而言，则相差甚远。现行补偿和因生态工程造成的损失之间存在严重的失衡现象。事实上，许多需要得到生态补偿的主体大多数为弱势群体，是欠发达地区的山区居民或农村居民，一方面由于担当生态屏障的责任使其发展经济的权利受到限制，另一方面他们付出巨大成本所提供的生态服务价值在经济上又很难得到体现，由此导致激励功能的严重缺失。"难以形成长期稳定的、规范有序的、可持续的机制和行为，甚至可能引起抵触情绪"（钟茂初，2007），生态治理成果、水资源保护成效等会受到严重挑战。

三是生态补偿资金筹集渠道单一，补偿资金紧缺。我国现行的生态补偿资金主要来自各级政府的财政资金，生态补偿实际上就是各地区政府之间部分财政收入的再分配过程，在原本紧缺的财政压力下，生态补偿资金明显不足。同时，由于生态补偿资金的筹措和运作缺乏相应体制和政策支持，且生态环境产品所具有的公共物品属性和外部性的存在，致使生态补偿资金的筹集很难吸引社会资本的投入。

3. 健全河北省生态补偿制度对策

针对河北省目前生态补偿机制运行中存在的问题，河北省应在总结退耕还林还草制度、试点流域生态补偿制度和矿产资源生态补偿制度基础上，结合我省目前水土流失、草场退化现象严重、水源保护区污染等突出的生态环境问题，以及重点生态功能区建设等方面的需求，尽快出台针对全省范围内包括流域补偿机制，也包括重点生态功能区补偿机制以及要素补偿机制的更为全面的生态补偿政策体系。按照"谁利用、谁投资""谁受益、谁补偿"的原则，健全生态补偿制度。建立省内和跨省级行政区的生态补偿机制，实行下游对上游、开发区域对保护区域、受益地区对受损地区、受益人群对受损人群以及自然保护区内外的利益补偿。

---

① 毕树广等. 冀西北贫困成因及完善补偿机制的研究——基于京张生态等合作中问题的调查分析［J］. 改革与战略，2010（8）.

（1）加快推进生态补偿的市场化进程。

针对张承地区作为京津重要生态屏障的生态功能区建设，在进一步加强京津风沙源治理和退耕还林还草工程的基础上，加快实现以政府补偿方式为主向市场补偿机制为主的转变，建立多元化的森林生态服务价值补偿机制和草原生态服务价值补偿机制。如对于在沙化地区进行植树造林、种植草场等活动应予以相应的收益权，对其改善生态环境的行为规定受益补偿，并逐步提高补偿标准；对于受益主体相对明确的森林生态服务，按照"谁受益、谁补偿"的原则，建立森林生态服务收费制度。加快建立省级森林生态效益补偿基金制度，按照"谁开发谁保护、谁受益谁补偿"原则，以财政投入为主，多渠道筹集生态效益补偿基金，合理确定补偿标准，并根据经济社会发展情况和财力状况逐步进行调整。

（2）建立横向转移支付的区域间生态补偿机制。

加强与京津地区的区域合作，建立横向转移支付的区域间生态补偿机制。张家口、承德作为全国重要的生态功能区，也是经济基础薄弱的贫困地区。而对重要生态功能区域的转移支付，既要能够弥补地方民众为保护生态环境所支付的费用，还要考虑当地民众因限制经济发展而付出的机会成本。在京津张这个生态区域内，张家口为京津地区提供了清新空气、清洁水源，京津地区作为受益者、使用者，理应为此付费。因此，河北省政府应积极与京津地区政府进行协商，加强合作，建立以张、承地区保护水源和治理环境的成本为依据的京津冀之间的横向转移支付制度。如针对为保护北京水源地水质不受污染，关停并转企业的产值利税损失，在评估的基础上进行补偿；根据每年给北京输入水资源的数量进行补偿等。

（3）积极采取多样化生态补偿方式。

为弥补单一财政资金的不足，建立多样化生态补偿方式，探索资金补偿、实物补偿、政策补偿、智力补偿等多元化补偿方式，在资金转移支付的基础上，开展生态收益区对生态保护区的对口协作、定向硬件和软件基础设施建设援助、产业链延伸型补偿、对口就业培训与技术援助以及提供就业与发展机会等多种形式，建立跨区域（流域）的生态补偿长效机制。在实际操作中，要按照生态保护者的实际需要给予相应的补偿，以解决补偿方式单一的问题。

例如在目前京津冀协同发展背景下，为了充分补偿河北省张家口、承德地区作为京、津地区的生态屏障放弃自身发展而付出的代价，应加快建立和完善京、津对张承地区的区域间生态补偿制度，除了采取资金补偿外，也可以采取项目补偿的方式，如北京或天津到河北兴建清洁能源项目，既能实现经济效益，又能帮助当地实现生态移民。此外，北京还可以通过开展科技服务，提供技术咨询和指导，为张家口地区培养所需技术人才和管理人才，提高本地区生态建设技术含量和管理组织水平。

（4）拓宽生态补偿融资渠道。

资金筹措不足是目前生态补偿机制实施的一个主要瓶颈，因此，应积极拓宽融资渠道。一方面，建立一体化的中央和地方政府生态保护基金，用于政府作为生态受益者时应当支付的费用，以解决目前存在的生态保护补偿费挤占财政预算资金以及资金来源无保障的现象；另一方面，针对生态补偿制定一系列税收、信贷等优惠政策，通过政府引导，广泛吸引社会资本的投入，建立起全社会参与的社会资本投入市场化机制。

四、完善排污收费和排污许可证制度，建立排污权交易市场

排污收费制度是我国实施最早、范围最广的环境经济政策。自 1982 年 2 月国务院批准并发布《排污收费暂行办法》，该制度开始在全国普遍执行，征收排污费的项目包括水、大气、固体废弃物、噪声、放射性物质五大类共计 100 多项污染因子。2003 年，针对排污收费实施中存在的问题，中国政府对排污收费制度进行了改革，国务院新颁布了《排污费征收使用管理条例》（2003 年 7 月 1 日起实施）。该条例在原《排污收费暂行办法》及相关法规的基础上对排污费的征收、使用、管理进行了完善。主要体现在：一是将原来的超标收费改为排污即收费和超标收费并行，并提高了收费标准；二是明确规定排污费的使用必须纳入政府的财政预算，列入环保专项资金进行管理；三是扩大了征收排污费的对象，既包括工商企业、也包括个体户；四是规定排污费必须用于重点污染源防治、区域性污染防治、污染防治新技术新工艺的开发和应用。

排污收费作为中国环境管理的一项重要制度，实施以来在工业污染控制、环保资金筹集和加强环境保护等方面发挥了重要作用。如前所述，现行的排污收费制度在农村环境污染控制方面不尽如人意，在大量的面源污染面前排污收费制度显得无能为力。不仅如此，由于现行的排污收费制度是建立在排污申报登记制度之上，排污费按申报登记的数量缴纳，在环境管理不严、污染物排放监测手段不强的条件下，许多乡镇企业不按实际排污量申报，存在着偷排、超排现象。使得该制度很难有效发挥对污染物排放进行总量控制的作用。而且，按照现有制度安排，污染者在进行排污申报后必须取得排污许可才能进行排放，而目前我国排污许可制度执行中同样存在许多问题。因此，必须健全和完善各项制度建设，才能搞好生态环境建设。

1. 健全河北省排污费征收、管理和使用制度

财政和环保部门应加快研究制定符合农村工业企业实际的排污费征收、管理和使用机制，研究和确定排污费征收标准，改进污染物排放监测手段，加强污染源自动监控设施建设，准确核定排放量。建立排污量和排污费缴纳情况公告制度，积极开展排污费征收情况稽查，细化资金的使用范围。

2. 加强排污许可证制度的实施

排放污染物许可证（以下简称"排污许可证"）制度是指政府及环境保护部门以改善环境质量为目标，以污染物总量控制为基础，依照法律法规的有关规定核定排污单位排放污染物的种类、数量等，核发排污许可证、排污临时许可证；排污单位按照许可证规定的污染物排放总量和排放条件排放污染物。排污许可证制度，既是一项法定的行政管理制度，也是把环境资源转化成为商品并将其纳入价格机制的手段之一。在农业污染防治方面，欧盟一些国家通过排污许可证制度取得了很好效果。如芬兰对与畜牧农场有关的生产单位建立许可证制度，要求饲料自给，限制牲畜的密度等；德国和瑞典对生产企业向农田排放污泥建立了许可证制度；荷兰开发的粪肥交易系统，使农民可以买入和卖出粪肥处置权等。

排污许可证制度在我国的推行已有十几年的历史，但其实施效果很不理想。主要问题有：一是制度的实施程度太低。目前，在许多地方，排污许可证制度事实上处于"名存实亡"的境地，发证的数字与实际排污企业数差距

很大。有资料显示，在已经进行了污染物申报登记的企业中，只有30%左右获颁了排污许可证，如果以排污企业为基数的话，比例还会更低。很多地方根本没有真正落实过这项制度。有些城市还没有发过排污许可证，有的城市只是象征性地发过几十份排污许可证，而且没有延续性，许可证往往是一次性的，到期不再续发。二是制度本身缺乏确定性、稳定性、持续性和权威性等。我国至今没有发布普遍适用于全国及所有排污单位的统一的排污许可立法，而且排污指标的下达往往滞后，行政机关的发证工作常常衔接不上，企业的许可证到期但新指标又不能及时下达的情况时有发生，然而企业的生产不可能停顿，排污得持续。许可证往往缺乏延续性、稳定性，因而其权威性也受到很大的影响。执法机构对许可证的实施情况缺乏经常有效的监督，无证排污和超证排污的现象未能及时纠正，对违法行为不予处罚，或处罚太轻，排污许可证对许可证持有者的约束力不强，这进一步削弱了许可证的权威性。更为关键的是，目前我国的排污许可制度涉及的对象基本上是城市的工业排污企业，而对于农村和农业生产中（包括乡镇企业在内）的排污没有实施许可制度。

河北省政府从2003年起开始实施了排污许可证制度，所依据的法律法规为《中华人民共和国大气污染物防治法》《河北省环境保护条例》《河北省水污染防治条例》《河北省大气污染防治条例》中有关排污许可证制度的相关规定。其实施排污许可证的范围为河北省境内所有排放污水（包括城市污水处理厂）、废气的工业企业，同样不包括农业生产中的污染物排放。因此，从防治农村生态环境恶化，加强农村生态环境建设目标出发，河北省应进一步出台相关政策法规，如出台《河北省农业污染物排放许可证管理办法与实施细则》，对包括农村污染和农业生产污染的排污许可问题进行严格规定和管理，以解决农村环境污染问题。对此，可借鉴国外的先进经验，对于畜禽养殖场的粪便和污水排放发放排污许可证，并将乡镇企业的"三废"排放许可证管理真正落到实处。

3. 加快排污权交易市场的建立

在完善和强化排污许可证制度的基础上，河北省应积极开展排污权交易试点工作，加速发育排污权交易市场。实行排污许可证制度有两个目的：一是控制排污总量；二是为开展排污权交易创造条件。目前，我国的排污许可证制度主要服务于第一个目的，而事实上第二个目的更为重要。排污权交易是利用市场机制解决环境问题的重要手段。目前，国内许多省市均开展了排污权交易的实践，并建立了局部的交易平台，而河北省在此方面显然处于落后地位。为此，河北省政府应该积极培育排污权交易市场的建立，推动包括农村"点源"在内的排污权交易活动。目前，河北省政府已经颁布了《河北省人民政府关于印发河北省主要污染物排放权交易管理办法（试行）的通知》（2010 年 12 月），决定自 2011 年 5 月 1 日起在全省范围内推行和规范主要污染物排放权交易活动，这是一个良好的开端，为进一步推行其他污染物排放权交易（包括农业污染物排污权在内）奠定了基础。

五、构建农村生态环境保护的绿色金融政策

现代经济的发展离不开金融的支持。农村生态环境建设是一项庞大的系统工程，它不仅需要政府的积极扶持，更需要金融业的大力支持。随着经济结构调整和绿色产业发展的需要，以及现代金融体系和金融工具的不断完善与创新，以致力于经济社会可持续发展，降低金融风险，保护生态环境为目的的"绿色金融"理念正在成为金融机构，特别是银行业发展的一种新的趋势和潮流。

绿色金融，广义上讲，与环境保护相关的技术、产业、工程和商业等领域的资金融通都可以称作绿色金融。或者说，金融部门根植于传统经济向绿色经济发展模式的转换过程当中，将环境保护这一外生变量内生化，从而影响投融资决策，引导社会资源投向绿色产业与技术，促进经济、社会与环境的协调可持续发展。狭义上讲，绿色金融就是与环境保护相关的金融产品和服务。[1] 2007 年，原国家环保总局（现环境保护部）与银监会、保监会、证监会联手，相继推出了"绿色信贷""绿色保险""绿色证券"三项绿色环保政策，初步形成我国"绿色金融"政策体系框架。其中，"绿色信贷"重在

---

[1] 周道许，宋科. 绿色金融中的政府作用，中国金融，2014（4）.

源头把关，对重污染企业釜底抽薪，限制其扩大生产规模的资金间接来源；"绿色保险"通过强制高风险企业购买保险，旨在消除污染事故发生后"企业获利、政府买单、群众受害"的积弊；"绿色证券"对企图上市融资的企业设置环境准入门槛，通过调控社会募集资金投向来遏制企业过度扩张，并利用环境绩效评估及环境信息披露，加强对公司上市后经营行为的监管。

从目前发展现状看，绿色保险与绿色证券在我国目前仍处于探索和起步阶段，绿色金融仍是以绿色信贷为主，直接融资比重较小。

（一）绿色信贷政策

1. 绿色信贷的提出与内涵

绿色信贷，是指金融机构在信贷发放过程中以国家的环境经济政策作为依据，注重对环境和社会问题进行审慎性把关，并将环境审核作为贷款发放的重要原则，加大对环境友好型企业的项目贷款支持并实施优惠性低利率政策，[①] 而对污染企业投资新建项目和流动资金授信进行限制，对不符合环境保护政策的产业进行信贷控制，从而实现信贷资金的绿色配置，推进金融业与生态环境保护协调并进的金融信贷政策。绿色信贷的本质在于正确处理金融业与可持续发展的关系，把经济发展和环境保护统筹协调考虑，减少银行信贷对于环境、资源保护的负面效应，这实际也为当今银行业发展提出了新的更高要求。与一些行政手段相比，绿色信贷这样的市场经济手段往往更有效。

绿色信贷的实践在国外最早起步于德国。1974 年联邦德国成立了世界第一家政策性环保银行，命名为"生态银行"，专门负责为一般银行不愿接受的环境项目提供优惠贷款。[②] 而且，德国政府还支持国家政策性银行——德国复兴信贷银行（KFW）项目的金融补贴政策，最大效率地发挥政府补贴资金的作用。经过数十年的发展，德国绿色信贷政策已经较为成熟，体系比较完善。2002 年，世界银行下属的国际金融公司和荷兰银行，在伦敦召开的国际知名

---

① 张璐阳. 低碳信贷——我国商业银行绿色信贷创新性研究 [J]. 金融纵横 2010，（4）.
② 陈柳钦. 国内外绿色信贷的实践路径 [J]. 环境经济，2010（12）.

商业银行会议上，提出了一项企业贷款准则。这就是国际银行业赫赫有名的"赤道原则"。这项准则要求金融机构在向一个项目投资时，要对该项目对环境和社会的可能影响进行综合评估，并且利用金融杠杆促进该项目在环境保护以及周围社会和谐发展方面发挥积极作用。目前"赤道原则"已经成为国际项目融资的一个新标准，截至2008年底，全球五大洲共有60多家金融机构采纳"赤道原则"，它们中既有发达国家的成员，也有发展中国家的成员，其业务遍及全球100多个国家，项目融资总额占全球项目融资市场总份额的85%以上。而那些采纳了"赤道原则"的银行又被称为"赤道银行"。

2. 河北省开展绿色信贷的现状及存在问题

河北省的"绿色信贷"始于2007年。根据原国家环保总局、中国人民银行、银监会联合出台的《关于落实环境保护政策法规防范信贷风险的意见》（2007年7月）的政策要求，河北省成立了由人民银行石家庄中心支行与河北省环保厅、河北银监局、河北省环保联合会等部门组建的"河北环保联合会环保金融工作委员会"，在积极倡导绿色信贷，有效推动河北省产业结构与信贷结构优化调整，促进河北省产业升级和节能减排等方面开展了相关工作。河北省提出，对能够促进节能减排、改善生态环境的产业或产品，银行业金融机构将给予贷款支持；对从事生态保护和污染治理的项目和企业，将择优扶持；对能耗、排污不达标，或违反国家有关规定的贷款企业，坚决收回贷款；对不稳定达标或节能减排目标责任不明确、管理措施不到位的企业，调整贷款期限，压缩贷款规模，从严评定贷款等级。2007年11月省环境保护厅、中国人民银行石家庄中心支行与省金融办联合实施了"环境保护违法企业黑名单通报制度"，对环境污染企业信息实行定期公布，明确要求商业银行禁止对进入黑名单的企业进行贷款授信。

为有效推动绿色信贷政策的实施，2009年初，河北省成立了由人行石家庄中心支行行长任组长，河北银监局、河北省环保厅主管领导任副组长，各银行业金融机构主管领导为成员的河北省绿色信贷政策效果评价工作领导小组，联合制定了《河北省绿色信贷政策效果评价办法（试行）》，并在全国率先开展了绿色信贷政策实施效果的评估。绿色信贷政策执行效果的评价，是指对绿色信贷执行主体——各商业银行和投资机构执行国家产业政策、促进经济增长效果进行度量、分析和评价。河北省的"绿色信贷政策实施效果的评估"结果显示，在"绿色信贷"的指导下，各银行业金融机构均能够坚持"区别对待、有保有压"的信贷原则，结合实际建立实施了环保条件"一票否决制""分类标识名单管理制""风险经理制"等制度，把环评文件作为审批所有项目贷款的重要条件，严格把关，不发放一笔环评条件不达标的贷款，起到了利用金融资源对经济发展引导、支持和保障的作用，有效地促进了河北省产业结构的调整和经济增长方式的转变。

虽然绿色信贷政策在河北省的推行中取得了一些成效，但从实践情况看，河北省绿色信贷在执行和监管中，仍存在很多问题。

一是缺乏对金融机构开展"绿色信贷"的正向激励机制。现有的绿色信贷政策，主要是以政府推动为主，行政管理色彩浓厚，在政策设计上有一定的强制性，但在执行上又强调指导性。对于金融机构只是规定了对符合绿色环保标准的企业给以贷款支持和优惠利率政策，期望通过银行信贷约束的方式，提高"两高一剩"行业融资成本，迫使其淘汰落后产能，从而达到经济可循环发展；而金融机构由于执行绿色信贷政策而承担的更多的社会成本，并没有在税收优惠、财政拨付等方面得到国家相应政策的支持和扶持，加之绿色信贷政策支持的产业，大多属于新兴产业，周期长、风险大，经济前景不明朗，多重因素造成银行对于绿色信贷开展缺乏动力，信贷总量占比较低。与此同时，银行过于追求企业利益最大化，贷款发放后，主要关心的是能否安全收回，对于绿色信贷贷款发放后是否真正用于环保项目的改进和投资，监督、防控能力不足，由此导致绿色信贷的政策效果被抑制。

二是银行的产品单一，缺乏针对农村环境保护、绿色农业发展等方面的信贷产品。在开展绿色信贷过程中，各家银行产品也比较单一，据学者的调查结果显示，当前银行发放绿色信贷多数是迫于政府环保部门的压力，信贷产品设计和开发尚处于初探阶段，规模小、贷款供给量不足，而且申请门槛较高，导致企业的需求降低。60%的被调研者认为，绿色信贷产品创新开发能力不足，如不加以引导和推动，将会进入恶性循环，最终导致穿着"绿色信贷"的外衣，内容还是以传统信贷为主。①

三是缺乏具有环保方面专业知识的信贷人员，信息共享机制不通畅，造成信贷约束滞后。绿色信贷实施和传统信贷相比，具有更高的技术要求，需要各部门协同配合才能完成全部流程。建立环保部门和金融机构之间信息沟通和共享机制，是绿色信贷运行和发展的重要条件。在具体实施中，由于受专业人员和技术限制，对于项目风险和未来收益不能准确把握，贷款发放主要依赖于环保部门的环评结果，而有些项目作为本地区的经济支撑点，受到地方政府的保护，其环评结果难以真实反映项目是否符合环保标准，直接影响银行开展绿色信贷的进程。另外，从企业角度来看，企业环境信息披露的真实性，难以有效衡量，在企业利益最大化的驱动下，涉及环境风险信息，不会主动提供给贷款银行，这样就造成了银行、环保部门、企业三方信息不对称，加之企业的环保信息没有纳入央行的征信系统，这无疑加大了银行信息搜寻与信息处理的成本，对绿色信贷拓展带来障碍。

不仅如此，河北省近几年银行信贷发放过程中，由于一些标准含糊，部分国有商业银行、股份制银行、地方性银行出现信贷政策的偏移，造成执行国家政策的银行，选择了退出"高能耗、高污染"的行业资金支持战略，短时期内失去了银行赖以生存的"大树"；另一些地方性银行以未来城镇化建设快速发展，对于钢铁等资源性产业需求加大为由，采取"你退出、我进入"的战略，绿色信贷政策成为空谈，一些金融机构成了"高能耗产业"破坏环境的推手。

为此，为更好地发挥绿色信贷政策对农村生态环境建设的支持，河北省应进一步建立和完善相关制度和政策。

3. 加强河北省绿色信贷制度建设的政策建议

（1）建立对绿色信贷项目的贴息贷款制度。

德国绿色信贷政策的一个最重要特征就是国家参与其中，对环保、节能项目予以一定额度的贷款贴息，对于环保节能绩效好的项目，可以给予持续

---

① 田晓丽．绿色信贷发展的河北实践，和讯财经，http://bank.hexun.com/2016 – 10 – 12/186383750.html.

10 年、贷款利率不到 1% 的优惠信贷政策，利率差额由中央政府予以贴息补贴。实践证明，国家利用贴息的形式支持环保节能项目的做法取得了很好的效果，国家利用较少的资金调动起一大批环保节能项目的建设和改造，"杠杆效应"非常显著。为此，河北省应尽快出台相关政策规定，对银行的优惠利率与市场利率之间的差额给予补偿，并为贷款提供担保，从而有效激励各商业银行开展绿色信贷政策的积极性。

与此同时，河北省还要加强环境保护部门的绿色审核制度建设。环保部门的认可是企业获得绿色信贷的关键。在德国绿色信贷政策实施过程中，环保部门发挥着重要的审核作用，以确保贴息政策能够准确地支持节能环保项目，每个节能环保项目要想得到贴息贷款，必须得到当地或上级环保部门的认可后才能申请。

（2）创新绿色信贷产品和服务。

政府应积极推动商业银行以全省金融系统代表共同签署的《绿色金融宣言》为宗旨，加强产品创新，建立节能减排和生态环境治理专项贷款，加大对节能减排项目的支持力度，支持"两高"行业的节能减排和技术改造，支持工业污染防治和城市环境保护，加快绿色信贷政策向农村和农业领域的扩展，充分运用利率优惠、信贷优先等手段引导信贷资金流向适合发展生态农业、可再生能源、农村污水处理设施建设的技术项目和具有附加值高、污染程度小的乡镇企业，支持农村生态环境保护，支持流域、区域污染治理以及环保服务企业兼并、收购、重组等生态环境治理领域的重大工程和项目建设。并在已开展的绿色信贷政策效果评估的基础上，进一步对商业银行支持农村生态环境建设方面的政策效果开展评估，充分发挥金融对农村经济发展和生态环境保护的支持作用。

（3）建立环境评估智力支撑平台。

环境风险评估的专业性强，银行业要从内外两方面构建环境评估智力支撑平台。一是内部人才准备。这是银行开展绿色信贷业务的一个重要支撑条件。从当前我国银行业人才结构来看，环境评估人才还非常缺乏，还不能有效地为绿色信贷业务开展提供环境评估智力支撑，这就需要加大引进此类人才的力度，同时加强对现有信贷员工的专业培训，以适应开展绿色信贷工作的要求。二是外部智力支持。加大与行业专家或第三方专业咨询认证机构或公司的合作，借助社会智力来完成绿色信贷业务开展需要的环境评估。此外，还要注重发挥环境 NGO 和公众的重要监督作用，营造良好的绿色信贷实施环境。[①]

（二）绿色保险政策

1. 绿色保险及其在中国的发展情况

绿色保险，也称为环境污染责任保险，是指以被保险人因污染环境而承担的损害赔偿和治理责任为保险标的的责任保险。绿色保险要求投保人按照保险合同的约定向保险公司缴纳保险费，一旦发生污染事故，由保险公司对污染受害人承担赔偿和治理责任。这种保险投保人主要为企业，按照相关约定向保险公司缴纳保险费，一旦发生污染事故，由保险公司对污染受害人承担赔偿和治理责任，是维护环境受害人权益和修复生态的一种有效理赔制度和救济手段。作为一种市场和金融调控手段，环境污染责任保险的作用明显，能及时提供经济赔偿，维护受害人权益；保障企业不至于因污染事故影响生存。同时，由于与环境污染风险挂钩，保险公司为了自身利益也会监督企业落实环境责任，减少污染风险，保险公司形成一种污染监督机制。因此，从 20 世纪 70 年代以来，欧美不少国家纷纷推广环责险，将其视为国家环境保护政策的一个组成部分，许多工业企业也将环责险作为管控风险、控制成本的一种有效手段。

中国于 20 世纪 90 年代初开始在大连、沈阳等部分城市进行环责险产品的尝试和推广，但由于政策、法律条件不具备等原因，没有取得明显进展。进入 21 世纪，随着中国政府可持续发展战略和生态文明建设理念的提出，治理环境问题的思路有所转变，逐渐形成了从主要运用行政手段保护环境转变为综合运用法律、经济、技术等多种手段解决环境问题。2007 年 12 月，环境保护部与中国保监会联合出台《关于环境污染责任保险工作的指导意见》，正式启动了绿色保险制度建设。该《意见》提出在"十一五"初步建立符合我

---

① 刘传岩. 中国绿色信贷发展问题探究［J］. 税务与经济，2012（1）.

国国情的环境污染责任保险制度，决定在重点行业和区域选择部分环境危害大、最易发生污染事故和损失容易确定的行业、企业和地区，率先开展环责险的试点工作。2008 年环责险开始在江苏、湖北、湖南、重庆、深圳等部分省市进行试点，当年约有 700 家企业投保，2009 年增加到了 1700 家，保费收入从 2008 年的 1200 多万元增加到 2009 年的 4300 多万元。5 年后的 2012 年底，全国约有十多个省（自治区、直辖市）开展了相关试点，投保企业为2000 多家，承保金额近 200 亿元。许多地区环保、保监部门以及保险行业积极行动起来，结合控制污染风险、保障环境安全的实际需要，组织开展试点工作，取得一些成功经验。例如湖南株洲某农药公司 2008 年 9 月初购买了平安公司环境责任保险产品，2008 年 9 月底发生了氯化氢泄漏事故，污染了附近村民的菜田；平安保险公司依据"污染事故"保险条款，及时向 120 多户村民赔偿损失，避免了矛盾纠纷，维护了社会稳定。

尽管如此，全国范围的环责险业务开展并不乐观，整体来看，环责险的业务发展状况并不理想。以环责险保费收入占比来看，2009 年全国试点地区环责险保费收入仅占当年财产保险保费总收入 2875.83 亿元的 0.015%，2012年这一比重仍没有明显提高。2012 年的环责险占全部保险产品中的份额很小，与中国保险业的增长差距悬殊，在改善环境、维护环境受害人权益、建立市场化的企业污染约束机制作用甚微。

2. 河北省绿色保险制度的建立和探索

为充分发挥市场化手段在环境治理和环境保护中的作用，河北省近年来十分注重探索和推广绿色信贷、绿色保险等金融政策的建立和实施。2009 年开始实施的《河北省减少污染物排放条例》，就已经将环境污染责任保险写进了有关条款。在 2011 年 3 月发布的《河北省国民经济和社会发展第十二个五年规划纲要》中，明确提出实施"绿色保险"工程，积极推动环境污染责任险发展。2011 年 11 月，河北省绿色保险在保定正式启动，首批参保企业为15 家（见案例 9-1）。作为试点城市，保定市在推动绿色保险方面开展了许多工作，对符合试点条件的企业未参加绿色保险的，环保部门在核发、换发排污许可证、危险废物经营许可证时积极进行提示引导，并将其作为突发事件应急预案审查、企业上市和再融资环保核查、申报环保专项资金、环保评优评先等工作的重要审查内容；对未按规定办理环境污染责任险的高风险企业，也在绿色信贷工作中停止授信，并在其新、改、扩建项目时，依法实施限批；对未按规定投保环境污染责任险的企业，还加大了对其监管和违法行为的处罚力度。2012 年，保定市共有 53 家企业完成了环境污染责任保险的投保，保险金总额 6000 万元；2013 年度，保定市共有 98 家企业投保，保险金总额 9000 万元；2014 年除了 2013 年的 98 家企业继续参加投保外，另有 150 家企业进入公示期和环境风险评估期。

2014 年，为在全省范围内全面实施环境污染责任保险，河北省环保厅、河北省金融工作办公室、中国保监会河北监管局联合印发了《关于开展环境污染强制责任保险试点工作的实施意见》（以下简称《意见》），明确了环境污染强制责任保险强制投保企业的范围，分别是涉重金属企业和其他重污染高风险企业。同时，河北省鼓励饮用水水源地上游未排入集中式城镇污水处理设施进行二级处理的工业企业、使用沟渠坑塘等输送或者贮存污水企业、近 3 年来发生过环境污染事故的企业，以及位于环境敏感区内的排污企业积极投保环境污染责任保险。

案例 9 - 1　河北省"绿色保险"首批 15 份保单在保定签订

2011 年 11 月 15 日上午，保定安新县华诚有色金属制品有限公司、风帆股份有限公司等 15 家企业分别与中国人民财产保险股份有限公司保定市分公司签订"环境污染责任保险单"。此举标志着作为全省试点，"绿色保险"这件新鲜事儿在保定落地了。据了解，明年，我省将在全省范围内推广环境污染责任保险。

保定安新县华诚有色金属制品有限公司与风帆股份有限公司投保的保费分别为 4.68 万元、15.79 万元，保额分别为 200 万元、2000 万元。据悉，保定市近期还将有 80 余家企业投保。这些试点企业主要为三类：从事生产、经营、储存、运输、使用、排放有毒有害化学品的企业；危险废物产生、收集、运输、存贮、处置的企业；排放重金属的企业。

按照 2011 年度保定市环境污染责任险统保项目保险费率，投保企业被分成小、中、大、超大型企业，企业性质不同、污染程度不同，费率也不同。基础保险费由几万元至二三十万元不等，累计赔偿限额少则几十万元，多则几千万元。

谈到"绿色保险"的作用，保定市环保局副局长单喜贵说，这是环境管理的历史性转变。近年来，保定市曾发生过多起环境污染事件，这些污染事件，均是企业污染、政府埋单、群众利益受损。而环境污染责任险的实施则有利于建立污染事故救助机制。如果当初这些企业投保了环境污染责任保险，当环境污染事故发生后，保险公司就会进行勘察，勘察属实后马上进行理赔。这就有助于投保企业解决环境污染事故，又可以及时援助受害者，缓解社会矛盾，减轻政府负担。

2011 年 11 月 18 日 07：15：23　来源：长城网.

案例 9 - 2　河北首例污染责任险获赔
年底将全面推广绿色保险

河北省保定市一起环境污染事故得到快速、妥善的处理，这是河北省首例环境污染责任保险理赔案。因企业生产污水流入附近农田造成庄稼受损的农户，日前获得了中国平安财产保险股份有限公司保定中心支公司（以下简称"平安产险保定中支"）2400 元的环境污染责任险理赔款。

8 月 13 日，平安产险保定中支查勘定损员小徐接到客户——保定某生化有限公司报案，称工厂在维修排污管道时有污水流进了临近的农田内，造成农田内的玉米、杨树不同程度受损，农户正向公司索赔损失。

平安产险保定中支的查勘定损员接到报案后，第一时间赶赴现场查勘，确认客户报案情况属实。他们立即对受损玉米、杨树的数量进行清点，确定了企业对污染事件负有责任以及保险公司应当承担的相应保险责任，并安慰客户和农户。

8月19日，客户与受损农户达成赔偿协议。8月20日，平安产险保定中支收到客户提供的赔偿收据。理赔人员及时将资料上传提交到后援处理中心审核，当天下午，农户收到了2400元赔款。

保定市环保局政策法规处处长马海告诉记者，本次环境污染事故快速理赔、妥善处置，证实了企业投保环境污染责任保险，有利于分散企业经营与财务风险，维护公众的环境权益，促进社会和谐稳定，改变企业污染政府埋单的局面。

"以往由于环境污染事件涉及面广，赔偿金额巨大，企业常常无力承担，极易造成最后由当地政府无奈埋单的恶果。"河北省环保厅政策法规处处长高英华说，投保环境污染责任险后，企业一旦发生污染事故，可明显减轻企业赔偿负担，污染受害者能及时、可靠地获得经济补偿。同时，由于此种保险的费率与企业环境管理挂钩，也可促使企业提升环境管理水平。

2014年9月18日11：13 来源：中国环境报.

上述绿色保险成功的案例经验表明：利用保险工具参与环境污染事故处理，可以通过市场化的手段分散风险，对各方都有益。对于老百姓来说，可以及时获得环境污染赔偿；对于企业来说，可以使污染责任得到清晰的确定；对于政府来说，可以减轻财政赔偿压力。环境污染责任保险的作用显而易见。事实上，环责险的积极作用已被许多国家的实践所证明。

然而在中国，即使有各级政府不断强化的行政推动，环责险的发展仍然远远落后于预期，究其原因，一是环境违法成本低，企业没有投保动力。作为一种风险分担机制，环境责任险和其他保险品种一样，只有投保人所面临的风险与其承担风险的能力有足够的悬殊时，才能激发投保人的需求。在一些发达国家，企业环境污染事故的处理成本非常昂贵，加上执法严格和公众强烈的环保意识，企业不得不通过购买保险来防范不可预见的污染责任风险。但目前中国的企业环保违法成本依然很低，在《新环保法》实施前，法律法规对企业污染行为惩罚力度小，与企业排污所得难成正比，企业宁愿承担较轻的处罚而继续排污，环保责任无从谈起，更不用说投保环境责任险了。

二是缺乏相关的经济激励机制，绿色保险的市场需求弱化。目前，中国的环境责任险主要靠环保部门力推，依据的是 2007 年和 2013 年由环保部门和保监会联合发布的两份政策性文件，缺乏市场需求和法律强制性。如果投保企业在投保期内没有发生环境污染事故，承保公司没有理赔，环保人员认为"企业白花了保费、保险公司白赚了保费、环保部门白帮保险公司卖了保险"。多数企业投保的兴趣不高，市场内在机制的缺乏让环境责任险推广的持续性和积极性受限。况且，有很多企业风险意识差，存在侥幸心理，认为事故不会发生在自己身上，为保险掏钱没必要，主动投保的更是微乎其微。

三是有关绿色保险制度的法律法规不健全。中国现有的环保法律法规虽也体现了绿色保险的相关规定，但缺乏系统的法律制度设计。如针对环境污染造成损害的、体现侵权责任的"资源保护和赔偿"方面的法律法规缺失。这同样会导致企业参保数量少，绿色保险规模小，环境风险的分散和损失的分摊都比较困难。

3. 河北省加快推进绿色保险制度建设的对策建议

（1）建立绿色保险与绿色信贷联动机制，有效激励更多企业参与绿色保险投保。在环保部门、保险机构与信贷机构之间建立有机的联动机制，将企业投保环境污染责任保险的情况与其各项环境评估结果、获取信贷的资质等挂钩。

一方面，环保部门会同当地财政部门，在安排环境保护专项资金或者重金属污染防治专项资金时，对投保企业污染防治项目予以倾斜；环保部门将投保企业投保信息及时通报银行业金融机构，推动金融机构综合考虑投保企业的信贷风险评估、成本补偿和政府扶持政策等因素，按照风险可控、商业可持续原则优先给予信贷支持；同时，对参与试点的保险公司建立保险费率浮动机制，对参保未出险企业，在续保时适当下调费率。另一方面，对应当投保而未及时投保的企业采取约束手段，将企业是否投保与建设项目环境影响评价审批、建设项目竣工环保验收、排污许可证核发、清洁生产审核，以及上市环保核查等制度的执行紧密结合。对未按规定投保企业暂停受理环境保护专项资金、重金属污染防治专项资金等相关专项资金的申请。环保部门与绿色信贷挂钩，将企业未按规定投保的信息及时提供银行业金融机构，建议金融机构停止对其授信支持。对未采取防范措施或未及时整改环境风险，且参保期间发生环境污染责任事故的企业，在续保时可以适当上浮费率。

（2）健全环境损害赔偿制度，加快建立和完善环境污染损害鉴定评估机制，支持、规范环境污染事故的责任认定和损害鉴定工作。环保部门、金融办、保险监管部门应逐步建立环境污染强制责任保险试点工作保障体系，搭建试点工作必需的公共信息数据平台，包括所有应参保企业相关信息，以及保险公司、保险经纪公司、环境污染损害鉴定评估机构和专家等基础信息库，为环境污染强制责任保险试点工作提供全面、系统、完善、有效的信息服务和技术保障。

（3）建立健全环境污染责任保险相关的法律法规体系，为环责险的推广提供法律基础和保障。建立和出台《河北省强制性环境污染责任保险条例》，使环责险从一项试点性的业务提升成为一种普遍的、具有长效机制的环保制度。同时，要注重强制保险与任意保险相结合。考虑到河北省目前的发展阶段，不宜"一刀切"地实施强制性环责险，通过研究制定出符合实际的环责险目录，在环境敏感区域，对那些破坏性强的污染企业和风险，应明确规定其必须参加绿色保险；对于污染损失不大且有污染处理措施保障的污染风险，可采取自愿投保方式。此外，还要鼓励环境公益诉讼，做好相关法律配套，改变以往主要依靠行政罚款的方式，而更多地依靠环境公益诉讼制度强化对环境事件肇事者的责任追究。

（三）绿色证券政策

1. 绿色证券的基本内涵

所谓"绿色证券"，学术界目前尚未对其形成一个统一的界定，其最初的形成实质上仅仅是我国环保与证券相结合的一项政策，主要是指公司发行证券之前必须经过环保核查，其内容是指根据国家环保和证券主管部门的规定，重污染行业的生产经营公司，在上市融资和上市后的再融资等证券发行过程中，应当经由环保部门对该公司的环境表现进行专门核查，环保核查不过关的公司不能上市或再融资。随着环保"一票否决"政策的推广和强化，与之相关的环境信息披露、环境绩效评估也逐渐成为公司公开发行证券以及上市公司持续信息披露的要求，并纳入绿色证券的内涵，发展成为其重要组成部分。因此，绿色证券制度是环境保护制度与证券监管制度的交融，它要求政府部门在监管证券市场时引入环境保护的理念与方法，将市场主体的环境信息作为衡量其在证券市场表现的重要指标，同时，要求环境保护部门借助证券监管的渠道以履行其环境监管职责，督促市场主体切实履行其环保义务和责任。换言之，绿色证券可以说是环保主管部门和证券监管部门对拟上市企业实施环保审查，对已上市企业进行环境绩效评估并向利益相关者披露企业环境绩效内容，从而加强上市公司环境监管，调控社会募集资金投向，并促进上市公司持续改进环境表现的一系列政策制度和实施手段的总称。

中国证券市场的"绿色化"起步较晚，始于 2001 年国家环境保护总局发布的《关于做好上市公司环保情况核查工作的通知》，随后国家环保总局和中国证券监督管理委员会陆续发布了相关政策，做了许多有益的尝试。如 2003年，又出台了《关于对申请上市的企业和申请再融资的上市企业进行环境保护核查的通知》，自此开展了重污染上市公司的环保核查工作。2007 年，原国家环保总局颁布实施了《关于进一步规范重污染行业经营公司申请上市或再融资环境保护核查工作的通知》以及《上市公司环境保护核查工作指南》，进一步规范和推动了环保核查工作。2008 年 2 月 25 日，原国家环保总局正式出台了《关于加强上市公司环境保护监督管理工作的指导意见》，标志着我国的绿色证券制度的正式建立，并彰显出越来越重要的作用。

2. 河北省加快绿色证券制度建设的对策

在我国目前的金融体系中，绿色信贷是最主要的绿色融资模式，相比于绿色信贷制度的实施和推广，绿色保险和绿色证券起步较晚，特别是绿色证券是近几年提出的，仍在探索中。我国目前仍没有权威的绿色债券数据统计，专门的绿色债券或气候债券也较为稀少。2014 年 5 月 8 日，中广核风电有限公司附加碳收益中期票据发行，这是国内第一单绿色债券。截至 2014 年 8月，A 股市场共有 147 家绿色产业上市公司，其中在沪市主板上市的绿色产业公司共有 40 家，其余 107 家公司在中小板和创业板上市。①

实践中绿色证券难以有效实施的主要原因在于：环保核查、监管不力；上市公司环境信息披露机制不完善，披露内容不规范、不全面等诸多方面。正如绿色信贷政策执行过程中所出现的银行与环保部门利益不一致，银行没有责任，也没有义务对企业进行污染审核。证券监督管理部门在实施绿色证券政策的时候，由于没有良好的信息沟通和约束机制，保荐人对于该政策并没有执行的动机；同样，券商、基金公司也很难因为公司的污染问题而放弃该公司投融资项目。而且由于很多大型上市公司的盈利和发展状况直接关乎地方政府的财税利益，因此，当地方重要企业由于"双高"问题被证监会叫停的时候，某些地方政府与证监会之间或许会出现相互妥协的情况，来规避绿色证券政策的限制。

现有的环境信息披露机制不完善也很大程度上制约了绿色证券的实施和推广。如信息披露内容主要为企业环保认证、环境风险、财务信息等，而缺乏关于企业主要污染物排放情况、污染治理措施及效果、环保负债及收益等观众关心的重要信息；而信息披露标准不统一也是现有信息披露制度存在的一个重要缺陷。

此外，由于我国尚未建立完善的上市公司环境绩效评估标准以及相关政策办法，使得上市公司环境保护核查、企业上市环保准入审查工作并没有一套科学的标准和严格的程序，导致实施效果也不理想。

为此，为更好地运用绿色证券政策促进农村生态环境建设，河北省应健全如下制度措施。

（1）完善上市公司的环保核查制度。加强对环保核查工作的有效落实，设立环保核查监管部门，并对证监人员进行相关的环保培训，以协助和监督环保部门完成环保核查。

（2）健全上市公司环境信息披露制度。补充和完善信息披露的内容，将上市公司在报告期内发生的与环境有关的重大事项，环保部门应及时向证监

---

① 王振红．绿色保险与绿色证券在我国仍处于探索和起步阶段，中国网 http：// news. china. com. cn/txt/2015 - 06/25/content_35907931. htm, 2015 - 06 - 25.

会通报并向社会公开上市公司受到环境行政处罚及其执行情况，对严重超标或超总量排放污染物、发生重特大污染事故以及建设项目环评严重违规的上市公司名单进行公布。

（3）建立上市公司的环境绩效评估制度。在严格进行环境信息披露的同时，做好环境绩效评估工作，以减少利益相关者的投资风险。积极借鉴国外的先进经验，组织和研究上市公司环境绩效评估指标体系，选择比较成熟的板块或高耗能、重污染行业开展环境绩效评估试点，以有效推动绿色证券政策的实施。

第十章
空气污染治理与河北省农村
新能源发展制度创新

　　能源是人类社会发展必不可少的物质基础。随着农村居民收入水平的提升和生活方式的转变，农村能源消费呈现快速增长，在为农村居民改善生活条件的同时，不合理的能源消费结构，也导致严重的空气污染，影响了生活环境，制约了农村社会、经济、环境的和谐发展。因此，以可再生能源为主的农村新能源建设和发展问题越来越受到人们的普遍关注，成为可持续发展战略的主要组成部分和农村生态环境建设的重要内容。

一、农村能源消费现状及对空气污染的影响

1. 农村能源消费现状

　　农村能源消费主要指农村经济活动中用于农业生产中的能耗和农村居民家庭生活的能耗。前者主要包括农业生产及乡镇企业生产过程中的各种能源消费，后者则为农村生活中的炊事、取暖、饲养及各种家用电器的能源消费。本书的研究主要考虑农村生活能源消费情况。

　　对于能源消费需求的研究，通常根据能源可否再生以及能源的开发利用情况等进行不同分类。对于农村生活能源，首先，根据是否可再生，分为不可再生能源和可再生能源两大类。不可再生能源主要包括：燃煤、燃油、燃气

等化石能源和电能。由于电能属于二次能源，并且目前我国仍以火力发电为主，本文在分析中将电能归入不可再生能源。可再生能源包括：秸秆、薪柴等传统生物质能源，以及太阳能和沼气等可再生能源。其次，根据能源的开发利用情况又可分为传统能源和新能源，传统能源包括煤、电、液化气、燃油以及秸秆、薪柴等传统生物质能源；而新能源主要指太阳能、风能、沼气、秸秆成型等新型固体燃料等新型生物质能源。此外，根据能源的商品性划分，又分为商品性能源和非商品性能源，商品能源是指作为商品经流通领域，在国内或国际市场上进行交易的能源，如煤炭、石油、焦炭、电等；非商品能源是指未经商品流通领域，未进入市场进行交易的能源，一般是农民自产自用的能源，如柴草、农作物秸秆、人畜粪便等就地利用的能源。非商品能源在发展中国家农村中广泛使用。

目前，中国农村能源消费类型主要有：传统生物质能源（薪柴、秸秆）、商品性能源（煤、电、液化气等）和可再生能源（沼气、太阳能、新型生物质能等）。从农村能源应用的总体情况看，秸秆和薪柴与作为商品性能源的煤炭和电力，在我国农村生活用能消费中，占据着绝对的主导地位；太阳能、沼气等新型能源虽然发展较快，但所占比例依然较低。农村能源消费呈现总量持续增长，但能源结构相对落后的状况。

（1）农村能源消费持续增长。

中国是一个农业大国，2013 年乡村人口总数为 62961 万人，占全国总人口的比重为 46.27%。随着社会经济的快速发展和农民生活水平的日益提高，农村对生活能源的消费需求呈现持续大幅度增长，如表 10-1 所示。表中数据显示，2000 年以来我国农村居民人均生活用能逐年递增，从 2000 年的 88 千克标煤增长到 2013 年的 311 千克标煤，年均增长率为 10.2%，同期城镇居民人均生活用能增速仅为 4.0%。农村能源消费增长速度显著高于我国能源总体需求增长率。

表 10-1 　　　　　　　　全国城镇与农村人均生活能源消费情况　　　　　单位：千克标煤

年份	2000	2001	2002	2003	2004	2005	2006	2007	2008	2009	2010	2011	2012	2013
全国城镇人均	132	136	146	166	191	211	230	250	254	264	273	294	313	335
全国农村人均	88	93	103	119	140	155	169	186	194	206	227	257	280	311

资料来源：2015 年中国能源统计［M］. 中国统计出版社，2015 年.

从河北省情况来看，作为农业大省，2014年河北省农村人口比例仍高达 50.67%。自2005年以来，农村生活能源消费始终高于城镇居民的消费量。以煤炭的消费为例，河北省农村煤炭消费无论是总量还是人均量，都高于城镇居民，特别是2012年后消费出现明显增长态势，如图10-1所示。

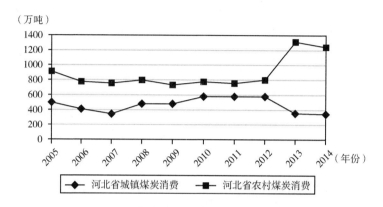

图10-1 （A）河北省城镇与农村生活煤炭消费总量

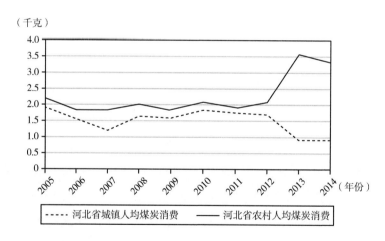

图10-1 （B）河北省城镇与农村人均生活煤炭消费

（2）农村能源消费结构不合理，新能源发展程度低。

在农村能源消费总量不断增长的背景下，中国农村能源消费结构存在着显著差异和不合理现象。

首先，中国地域辽阔，不同地区的地理位置不同，资源禀赋存在较大差别，由此导致不同地区农村能源消费结构呈现较大差异。总体而言，目前中国很多农村地区能源消费仍然以秸秆、薪柴等传统生物质能以及煤炭等商品性能源为主。仇焕广（2015）基于 2008 年和 2012 年对吉林、陕西、山东、浙江四个省 409 户农户的两期实地跟踪调研的数据进行研究结果显示，我国农村生活能源消费仍以秸秆和薪柴等传统生物质能为主，尽管其所占比例呈明显下降趋势，但仍占生活能源消费的 60% 以上。粗放的能源使用方式不仅导致能源使用效率低下，也导致了大量的环境污染问题。

但从河北省及其周边地区来看，一些学者的研究结果表明，京津冀地区农村能源费有着和中国大多数地区不同的能源消费结构。章永洁（2014）的研究表明，京、津、冀三个地区农村生活能源消耗以商品能源为主，分别达到了 87.01%、80.05% 和 80.12%；[①] 张彩庆（2015）的研究也指出，北京、天津和河北 3 个地区的农村生活能源消费结构有一些共同点，即商品能的消耗比例较大，而生物质能的消耗比例非常小，与全国范围内的农村生活能源消费结构、特点正好相反，这主要与京津冀地区的经济发展水平、地形地貌和气候等因素有相当大的关系。[②]

其次，在区域能源消费结构不均衡的条件下，尤为突出的是，河北省及其周边地区农村生活能源消费结构中煤炭消耗所占比例较高，煤作为京、津、冀三地区农村主要的生活用能来源，分别占生活能源消耗的 55.15%、60.85% 和 62.04%，且其中的散煤所占比例最高，散煤比例分别为 49.68%、56.92% 和 56.74%（章永洁，2014）。不仅如此，近年来河北省农村生活能源需求对煤炭消费的总量仍呈快速增长态势（见图 10-1），从而制约了能源消费结构的优化。

再次，农村可再生能源发展水平低下。从 20 世纪 80 年代以来，为了缓解我国农村地区长期存在的能源短缺、资源浪费、环境恶化等问题，政府和相关部门在农村地区推广了多种可再生能源技术，包括农村户用沼气池、养

---

① 章永洁等. 京津冀农村生活能源消费分析及燃煤减量与替代对策建议. 中国能源，2014（7）：39-43.

② 张彩庆. 京津冀农村生活能源消费结构及影响因素研究. 中国农学通报，2015，31（19）：258-262.

殖场沼气工程、秸秆气化站、秸秆气化炉等大中小型可再生能源利用方式。并对农村领域投入科研人员和资金来支持相关研究，针对东北地区，华北地区和华南地区的不同情况研究出了"北方四位一体"户用沼气池，"一池三改""猪沼果"等技术和生态农业模式，来满足农村能源需求和改善农村生态环境。但农村新能源推广慢问题始终是制约农村能源设施发展的一个重要因素。

近年来，在各级政府的大力推动下，以沼气、生物质能和太阳能为重点的农村可再生能源综合开发利用取得显著进展。以河北省为例，据统计，2012 年河北省农村户用沼气保有量为 291.5 万户，年产沼气 8.76 亿立方米；全省省柴节煤灶保有量 505.21 万台，节能炉 603.48 万台，节能炕 139.98 万铺；已累计推广秸秆气化集中供气（热解气化）29 处，供气户数 7632 户；秸秆沼气集中供气 29 处，供气户数 18052 户；农村地区已累计推广太阳能热水器 419.84 万台，太阳房 20148 处，集热面积 149.62 万平方米，太阳灶 36059 台。①

尽管河北省在新能源开发利用方面，无论是沼气建设，秸秆能源化利用还是太阳能开发利用均位于全国前列，但与全省农村能源的消费总量相比，新能源消费却只占生活能源消费的 5%。② 河北省广大农村地区，在沼气、太阳能开发利用、秸秆能源化利用方面还远没有普及。例如，以 2012 年河北省农村居民 1551.2 户计算，农村户用沼气的比例为 18.8%，省柴节煤灶的比例为 32.6%，累计推广秸秆气化集中供气（热解气化）户数的比例仅 0.05%；秸秆沼气集中供气户数比例为 0.12%，太阳能热水器户均 0.27 台；太阳灶户均 0.0023 台。

从全国的情况看，2012 年农村户用沼气的比例为 15.8%，省柴节煤灶的比例为 46.6%，累计推广秸秆气化集中供气（热解气化）户数的比例仅 0.08%；秸秆沼气集中供气户数比例为 0.027%，太阳能热水器户均 0.14 台；太阳灶户均 0.0082 台。

由此可见，无论是从全国的层面还是河北省及其周边地区来看，农村能

---

① 农业部科技教育司. 中国农村能源年鉴 2009～2013. 中国农业出版社，2013-08.

② 许永兵. 低碳背景下农村能源消费结构优化的路径与对策——以河北省为例. 经济与管理，2015（1）：82-85.

源消费结构不合理，新能源消费比例低是一个普遍现象，太阳能、沼气和新型生物质能等具有环保、高效和节能的新型能源没有得到很好的开发利用。

2. 河北省农村能源消费结构对空气质量恶化的影响

（1）河北省空气质量现状。

为了应对和治理空气污染，自 2013 年起，国家先后出台了《大气污染防治行动计划》《京津冀及周边地区落实大气污染防治行动计划实施细则》等相关的制度和法规，各地政府也纷纷出台和建立了各种雾霾预警机制和应急响应机制，"APEC 蓝"和"阅兵蓝"的出现让我们看到了集中治理的短期效果，但长期成效并非理想。近 2～3 年来不断反复的雾霾始终困扰着河北省及周边地区。

据 2014 年 8 月 19 日环保部发布的 7 月份空气质量公报显示，在京津冀、长三角和珠三角三大重点区域中，京津冀区域空气质量最差。与上年同期相比，京津冀区域 13 个城市平均达标天数比例由 48.6% 下降到 42.6%，降低 6.0 个百分点，空气质量有所下降①。根据《河北省环境状况公报（2014）》显示，2014 年全省各设区市的达标天数平均为 152 天，占全年总天数的 42%，其中重度污染以上天数为 66 天，占全年总天数的 18%。事实上，自 2013 年开始，全国有 74 个重点城市按照《环境空气质量标准》（GB3095—2012）开展空气质量监测和评价以来，在环保部定期发布的每月、每半年的空气质量排名公报中，排在 65～74 名（倒数 10 名）的城市中，河北省几乎总是占据 7 名（见表 10－2）。毫无疑问，河北省的空气质量是最差的，河北省已成为区域大气污染的主要贡献方。

表 10－2   全国若干时期空气质量排名

时　　间	倒数 10 名（从第 65 名到第 74 名）依次排名
2013 年上半年	廊坊、郑州、西安、衡水、济南、唐山、保定、邯郸、石家庄、邢台
2013 年 11 月	衡水、乌鲁木齐、廊坊、太原、济南、邯郸、唐山、邢台、保定、石家庄
2014 年上半年	天津、西安、廊坊、济南、衡水、邯郸、唐山、保定、石家庄、邢台

---

① 王尔德. 京津冀区域协同发展生态环境保护规划年内出台. 21 世纪经济. http：// www. cs. com. cn/xwzx/hg/201408/t20140820_4486526. html.

续表

时　间	倒数 10 名（从第 65 名到第 74 名）依次排名
2014 年 12 月	哈尔滨、郑州、沈阳、乌鲁木齐、唐山、衡水、邢台、石家庄、邯郸、保定
2015 年上半年	太原、沈阳、邯郸、济南、衡水、石家庄、唐山、郑州、邢台、保定
2015 年 12 月	哈尔滨、唐山、郑州、济南、廊坊、石家庄、邯郸、衡水、邢台、保定

资料来源：环保部．全国 74 个重点城市空气质量状况月报．环保部网站 http：//www. zhb. gov. cn/hjzl/dqhj/cskqzlzkyb/.

值得注意的是，为有效解决空气污染问题，河北省政府"十一五"时期连续出台了多种相关法律法规，采取了多种极为严格的政策措施进行治理，如针对耗煤第一大户的煤电行业在"十五"和"十一五"期间分别加装了先进的除尘、脱硫设施，并在"十二五"期间加紧安装脱硝设备；2008 年，河北省实施了"双三十"工程，在全省确定了 30 个重点县（市、区）和 30 家排污与能耗大的企业，作为污染减排的主战场和改善环境的重要突破口，全力攻坚，带动全局，以实现节能减排目标。近几年，河北大气污染治理重拳不断，大力实施"压能、减煤、控车、降尘、治企、增绿"等重点工程，仅各级财政就投入了 240 亿元的资金。2014 年以来，认真落实《河北省削减煤炭消费及压减钢铁等过剩产能任务分解方案》，大力实施"6643 工程"，扎实推进以化解过剩产能、关停小火电机组、取缔外来煤洗选等为主要内容的工程减煤措施。仅在压能减煤方面，全省累计压减炼铁产能 2689.5 万吨、炼钢 2918.1 万吨、水泥 6510 万吨、煤炭 2700 万吨、平板玻璃 4484.5 万重量箱。与此同时，河北省坚持"车、油、路"一体化治理，淘汰黄标车和老旧车 147 万辆，全部完成淘汰任务，所有加油站、储油库和油罐车完成油气回收治理。①

尽管上述一系列治理措施取得了一定成效，但始终没有走出空气质量最差省份的阴影。每到秋冬季节不断反复出现的旷日持久的雾霾，使得农村不合理的能源消费问题逐渐进入学者、政府和公众的视野。

---

① 河北大气治理再出重拳 2016 四大专项行动深度治霾．中国环保在线，2016 年 1 月 15 日，http：//www. hbzhan. com/news/detail/103914. html.

（2）河北省农村能源消费结构对空气质量恶化的影响。

针对反复出现的雾霾，众多学者和专家的视角逐渐从工业和城市污染转到农村污染。本文根据环保部定期发布的每月、每半年的空气质量排名公报，选择了河北省污染严重的石家庄、保定、唐山、廊坊四个城市，绘制了从2013年1月~2016年1月的环境空气质量综合指数分布情况，如图10－2所示。图中曲线的变化显示，石家庄、保定、唐山、廊坊的空气质量在不同时期均有所不同，且四个城市的空气质量指数的（排名）变化在不同时期也有所不同，但存在一个规律性的结论是，从2013~2015年3年间石家庄、保定、唐山、廊坊四个城市的空气质量指数高低变化的规律完全同步，即从每年的2、3月开始指数急速下降，4~8月维持在一个较低水平，9、10、11月开始持续走高，到12月、次年1月出现污染高峰。

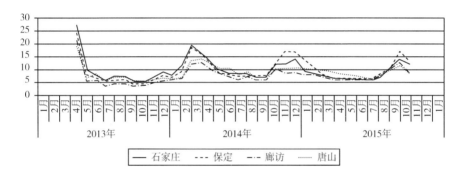

图 10－2　河北省部分城市环境空气质量综合指数分布情况

上述空气质量指数的分布规律表明，河北省及周边地区不断反复出现的严重雾霾现象，与河北省及周边广大农村地区对煤炭，特别是散煤的过度使用不无关系。其中，一个重要原因在于，每年12月我国北方地区全部进入采暖期，受采暖期污染物排放量大和不利气象条件影响，空气质量会出现严重恶化。据统计资料显示，2015年12月，我国除华南地区外均出现了重污染天气。其中京津冀及周边地区污染程度最重、持续时间最长，该区域先后出现5次明显重污染过程，中下旬保定、衡水出现连续8天的重度及以上污染天气。与2014年同期对比，京津冀区域13个城市PM2.5月均浓度为143微克/立方米，同比上升44.4%，环比上升52.1%；京津冀周边的太原、呼和浩特、济南和郑州市 PM2.5 月均浓度同比分别上升了 15.6%、41.7%、92.8% 和 49.5%。京津冀区域 13 个城市空气质量达标天数比例在 2.9%~80.6%，平均为 34.9%。其中，张家口达标天数比例为 80.6%，保定、邯郸、衡水等 10 个城市的达标天数比例不足 50%。

据学者支国瑞通过对保定农村地区生活能源的调查和研究显示，保定农村地区能源结构具有以下特点：①散煤、电、液化气的使用覆盖率很高，分别达到 97%、100% 和 94%，而木柴和秸秆的使用覆盖率仅约 10%，反映了农村居民的能源消费更倾向于商业购置，传统依赖于木柴和秸秆的能源获取方式已发生根本改变。②煤炭依然占据着农村能源的主导地位，保定农村地区的生活能源消费结构中散煤占 76%，蜂窝煤占 2%，合计为 78%，主要用途为取暖；其次为电力，占 10%，供照明及做饭使用；液化气占 5%，全部用于做饭；秸秆和木柴均低于 5%。此外，几乎所有煤炭（散煤、蜂窝煤）均集中用于冬季采暖兼做饭，其他季节做饭则更多地使用液化气、电。因此，保定农村地区的全年用煤基本等于冬季用煤，这导致农村地区煤炭的污染主要体现在冬季。①

另据统计，全省仅农村家庭年耗煤就达 4000 万吨，农村散烧原煤占全社会耗煤量的 11.9%，对 3 项污染物的贡献率分别达到了烟尘 23.9%、二氧化硫 16.9% 和氮氧化物 4.9%，其中农村冬季取暖一年要消耗 3000 万吨煤，比全省所有电厂排放的污染物还要多。由此可见，除工业和城市污染外，农村地区散煤燃烧已成为污染的重要因素，并形成"农村包围城市"的态势。

河北省现有农村生活能源消费结构必然对空气质量恶化产生不可低估的影响。

一是薪柴、秸秆等传统生物质燃料直接燃烧的效率非常低下，能源利用效率低，污染严重。河北省地区大部分农户的灶具、采暖设施仍以土暖气、火炕和煤炉为主，落后的燃烧方式和设备产生大量的粉尘颗粒物，不但影响农村空气质量，而且其转化效率只有 10%~20%，致使能源利用率低下。

二是大量使用燃煤，使大量无用秸秆被替代出来，在田间地头被焚烧，

---

① 支国瑞. 我国北方农村生活燃煤情况调查、排放估算及政策启示. 环境科学研究，2015（8）.

并且是不完全燃烧，成为空气污染的罪魁祸首之一。近年来，针对秸秆焚烧现象，尽管禁烧秸秆的法律法规早已存在，各地政府也三令五申颁布禁令，并实施严厉的处罚措施。但问题仍然存在。随着每年秋收过后，秸秆焚烧的现象屡禁不止。据环保部通报，2015 年 10 月 5～17 日，环境保护部卫星遥感巡查监测数据统计表明，在山东、河南、河北等 20 省（区）共监测到疑似秸秆焚烧火点 862 个，比 2014 年同期增加 54 个，增幅为 6.68%。各省（区）火点数依次排名前 5 的分别为山东 179 个，河南 155 个，辽宁 110 个，山西 87 个，安徽 67 个。其中，火点增加较多的省份为山东（130 个）、山西（45 个）、安徽（58 个）、河北（39 个）。显然，秸秆焚烧对空气污染的影响不容低估。

三是煤炭作为非清洁能源，特别是大量散煤的燃烧，更是导致空气质量恶化的重要原因。燃煤尤其是劣质煤在燃烧过程中排放出大量的烟尘、温室气体及一些酸性气体，并且在农村为分散、直接排放，不加装任何除尘装置，产生的污染物是大型锅炉和工业清洁高效利用的十几倍甚至几十倍，占燃煤总排放量的 50% 以上，已成为空气污染的罪魁祸首。据记者对河北省环保厅厅长陈国鹰的采访表示，"通过对采暖期和非采暖期监测数据对比发现，全省采暖期 PM2.5 平均浓度较非采暖期高出 80%，采暖期约占全年 30% 的天数，却贡献了全年近 50% 的污染物"。

由此可见，优化农村能源消费结构，加快农村新能源建设应成为有效解决空气污染的重要途径。据测算，用清洁能源替代 1500 万吨燃煤，可减排二氧化碳 2796 万吨、二氧化硫 21 万吨、粉尘 21 万吨。

二、空气污染治理与农村可再生能源发展

1. 发展农村可再生能源是有效治理空气污染的重要途径

可再生能源是指那些在生物圈可以再生的，随着自然界的生物化学大循环而"取之不尽、用之不竭"的能源，这类能源具有资源量巨大、不可耗尽以及清洁无污染等特点。既不存在资源耗尽的问题，又不会对环境构成较大的污染或者威胁，是未来社会发展所需的可持续能源系统的重要组成部分。

《中国可再生能源法》所称可再生能源，是指生物质能、太阳能、风能、水能、地热能、潮汐能等非化石能源。农村可再生能源主要包括生物质能、太阳能、风能、小水电和地热能等。

如前所述，以煤为主的能源消费对空气质量环境造成了严重破坏，因此，在农村地区开发利用太阳能、生物质能等可再生能源，优化农村能源利用方式，是缓解经济发展受能源制约的有效措施之一。推动农村新能源的开发与利用，可以改善农村用能结构，可以提高能源的利用效率，实现节能减排与环境保护。因此发展清洁、低碳和环保的新能源则成为有效治理空气污染的重要途径。

首先，加强以太阳能开发利用为主的农村新能源建设，可以有效降低污染排放，改善空气质量。

太阳能的利用方式可分为太阳能热利用和太阳能光伏发电技术，其中太阳能热利用包括常见的太阳能热水器、太阳灶、太阳房以及温室大棚也是太阳能热利用的常见形式。太阳能热水器可以说是可再生能源技术领域商业化、产业化程度最高和推广应用最广泛的技术。此外，一种融合太阳能、光热与米暖炉技术的采暖装置——太阳能暖房（简称"太阳房"）的研制成功，有望掀起一场农村采暖革命。太阳能暖房成套装备，由太阳能集热器、储热水箱、辅助能源（采暖炉）系统、智能控制系统、室内地暖及室内保温系统组成，在不显著增加造价的前提下，节能率达70%以上。以100平方米工程为例，每年可节约采暖用煤3.28吨，四季炊事、洗浴用热水节约用煤3.12吨，合计节煤6.4吨。全省1079万户农户若有10%采用这种设备，则每年至少可以节煤300万吨，减少二氧化碳排放1797万吨、二氧化硫排放5.87万吨、氮氧化物排放5.11万吨、粉尘44.9吨，炉渣198.7万吨。冬季运行成本每百平方米每天仅需2元钱，而且一次性投资多年受益，从技术和经济角度都具有推广的可行性。

其次，大力发展新型生物质能的开发利用，可以有效解决秸秆焚烧的污染问题，充分实现资源化利用。

生物质能源是指植物通过光合作用将太阳辐射能固定而成的一种能源形式，也是人类使用最早的能源。在农业和林业生产中的废弃物，是生物质能源的主要来源，具体包括小麦、水稻等秸秆、锯末、薪柴和养殖的禽畜的粪便等。

生物质能是我国农村地区的传统能源，而且其目前仍占有相当大的比重，生物质能是国际上新能源革命的引领者，是全球唯一能大规模替代石油燃料的能源产品，主要发达国家已基本形成以生物质能源为主的可再生能源布局。并且，生物质能是唯一与"三农"有直接联系的能源，符合农村资源条件和用能结构分散的特征，而且是现代农业的新生长点，是实现农林废弃物综合利用、改善农村生活面貌、发展循环农业的必要载体，其综合效益是其他新能源所无法比拟的。随着农村经济的发展以及农民生活水平的快速提高，生物质能的开发和利用已成为农村环境保护和农业可持续发展的重要课题。

在我国，生物质能长期以来被边缘化，除了主观认识上的误区之外，很大程度上在于体制掣肘。近五年来，风电、光伏发电等成倍增长甚至陷入新一轮产能过剩局面，而生物质能源发展却严重滞后。在《可再生能源发展"十一五"规划》制定的5项目标中，只有生物质发电和生物柴油完成了既定目标，沼气利用量只完成了大约2/3，生物质固体成型燃料只完成了1/2，非粮燃料乙醇则仅完成了既定目标的10%左右。[1] 形成这种巨大反差的深层次原因在于，太阳能和风电的主要依托是钢铁、机械、新材料等工业，其发展能立竿见影地增加地方财税收入，而生物质能源的主要依托是农业、农村和农民，其链条复杂烦琐，对地方财税收入增长的拉动效果不明显。因此，要切实推动生物质能的发展，除了开展对生物质能本身的认知性革命之外，还必须加大政府对其产业政策的扶持。

河北是一个农业大省，农作物秸秆综合利用率为86.8%，处于全国领先地位，但秸秆露天焚烧、乱堆乱放等现象仍时有发生。要达到国家提出的"到2015年底秸秆利用达到95%以上"的硬性要求，必须大力推进秸秆的能源化利用。据测算，将秸秆成型燃料与生物质取暖炉相配合，2吨秸秆燃料热量可抵1吨标准煤。如果能在全省推广，全省每年可得到3000万吨以上的秸秆生物质燃料，可以替代1500万吨标准煤，同时，烟尘量、二氧化硫减排超

---

[1] 王尔德. "十一五"生物质能指标未完成. 21世纪经济报道，2011－08－09.

过九成，由于实现了变废为宝，农民燃料支出也将大大减少。秸秆生物质燃料还可以向城市延伸，替代城市中小锅炉燃煤，这在曲周县已经实现。同时，河北省去年立项建设的 33 处秸秆联户沼气站全部建成后，年消耗秸秆 12 万吨，可节约标煤 3.9 万吨，减排二氧化碳 10 万吨、二氧化硫 331 吨。

最后，发展农村新能源，可以有效改善农村的产业结构由传统的高功能、高污染向环保、低碳的新型产业升级。

由于新能源产业是一种产业关联度较大和基因性较强的产业，在农村开发新能源，不仅会极大地拉动能源项目地区上下游产业的发展，而且还可以通过渗透并融入扩散到其他相关产业中去，促使其他产业形成跨越式的升级。这样，发展农村新能源不但能为农民提供更多就业和劳务的机会，缓解农村剩余劳动力转移的问题，而且农业的产业结构也会随着这些新能源技术的提升而得到进一步优化，从而促使农业生产效益的提高和农民生活成本的降低，最终增加农民收入。

随着农村新能源开发利用的逐步推进，在农村开发新能源特别是生物质发电，利用秸秆、稻草等农作物剩余物发电，将极大地拉动地区上下游产业的联动。生物能源作为一种清洁和碳中和的能源，被认为是农村地区替代散煤的另一解决方案。生物能源的原料收集、储存、运输、转化过程需要大量的劳动力。对于目前正鼓励农民原地就业的中国来说，推广生物能源似乎是不错的选择：一方面提供了就业机会，符合新型城镇化的建设思路；另一方面也可以解决农村的用能问题，余量还能供给城镇。

发展农村新能源还可以有效控制农村非点源污染，改善农村生态环境。例如，农村沼气的建设就有利于循环农业的发展，不仅能使农村居民生活产生的垃圾以及农村养殖业产生的粪便、渣杂等有机物当作沼气发酵的原料被利用，从而减少垃圾、粪便对空气、水体的污染，同时沼气替代薪柴、煤炭等作为生活燃料还可减少二氧化碳的排放，从而减轻对大气的污染。沼液、沼渣作为一种优质高效的有机肥料被农民施用，不仅可以大大减少化肥的使用量，而且会减少农田病虫害的发生和农药的使用。这些既可以减少因化肥、农药的大量使用而导致的农村非点源污染，改善农村生态环境，还能够提高我国农产品的品质和国际竞争力。

2. 河北省农村新能源发展现状及存在问题

（1）河北省新能源发展的资源禀赋优势。

一方面，河北省的新能源发展有着极其独特的自然地理资源优势。一是太阳能资源丰富，具有较大的可开发利用价值。河北省地处东经 113°27′ ~ 119°50′，北纬 36°05′ ~ 42°40′，太阳能资源在全国处于较丰富地带，年辐射量为 4981 ~ 5966 兆焦/平方米，全省可开发量约 9000 万千瓦，北部张家口、承德地区年日照小时数平均为 3000 ~ 3200 小时，中东部地区为 2200 ~ 3000 小时，分别为太阳能资源二类和三类地区，具备地面电站、农光互补、光电建筑一体化等多种形式的开发条件，有较大的开发利用潜力。二是风能资源丰富，河北省地处中纬度欧亚大陆东岸，位于我国东部沿海，属于温带半湿润半干旱大陆性季风气候，其中张承坝上地区和唐山、沧州沿海地区为百万千瓦级风电基地。风能资源技术可开发量 8000 万千瓦以上。目前，张家口、承德已建成张北长城、围场红松、尚义满井、康保卧龙图山等五个风电场。而张家口尚义县风能发电总装机容量 2010 年已达到 80 万千瓦，成为河北第一风能发电大县。三是生物质资源十分丰富，河北省作为农业大省，秸秆、林业"三剩物"（采伐剩余物、造材剩余物、加工剩余物）资源非常丰富。据测算，全省年产各类农作物秸秆 6200 万吨，除薪柴、还田、养殖、造纸等利用以外，仍有 1000 万吨可供能源化加工使用；加上林业"三剩物"可利用量 570 万吨；食用菌菌糠 130 万吨，少量的柠条、坝上地区及平原地区的牲畜粪便等，全省可能源化利用的生物资源量约有 2000 万吨。①如将其全部能源化利用，可节约标煤 1000 万吨（减煤 1400 万吨），减排二氧化碳 2600 万吨、二氧化硫 20 万吨，减排效果相当可观。为此，加快开展秸秆能源化利用，引导农民群众使用高效低排放炉具和秸秆成型燃料，可有效减少农村用煤量，减排二氧化碳和二氧化硫，大大降低 PM2.5 的排放。同时，在实现减排的同时，还有利于提高农民生活品质。四是地热能资源丰富，我省地热能赋存区域广阔，以中低温为主且埋藏较浅，主要分布于燕山、太行山褶

---

① 河北省发展和改革委员会. 河北省可再生能源发展"十三五"规划. 河北政府信息网 http://info.hebei.gov.cn/eportal/ui? pageId = 1966210&articleKey = 6675503&columnId = 330035.

皱带，以及蔚县—阳原、赵川、怀来等山间断陷盆地和河北平原沉降带。浅层地热能资源量每年相当于 2.85 亿吨标煤，每年可利用 0.11 亿吨标煤；中深层地热能资源量折合标煤 235.2 亿吨，可采热资源量折合标煤 49.7 亿吨。

另一方面，河北省的新能源发展具有产业优势。河北省作为在环渤海经济区域中具有重要地位的经济大省，保定英利、宁晋晶龙、秦皇岛哈电等企业在硅太阳能光伏电池、太阳能硅片、风电叶片等新能源产品的技术水平和市场规模方面处于国内外领先地位。以英利集团为代表的光伏发电制造业产量跻身国内前茅，成为国内重要的光伏电池制造基地。据统计，2012 年，英利凭借完整的产业链、技术、成本、品牌等优势，全年组件出货量超过 2200 兆瓦，同比增长 40%，成为出货量全球第一的光伏企业。以保定为中心的蓬勃发展的新能源产业为河北省加快能源结构调整开辟了一条快捷的"绿色通道"。新能源的利用目前已成为河北省经济发展的一个新亮点。

（2）河北省农村新能源发展现状。

近年来，在政府的大力推动下，河北省农村新能源开发利用规模显著增长（见表 10 - 3）。

农村沼气建设实现快速发展。为有效推动农村可再生能源的开发利用，河北省政府分别于 2002 年和 2006 年启动了两轮"百万农户沼气建设行动计划"，截至 2012 年底，全省累计建成户用沼气 298 万户，普及率达到 18.8%，受益人口达 1000 多万人；户用沼气总产量 87605.84 万立方米。建设大中小型沼气工程 2819 处，总池容 40.27 万立方米，年产气量约 7602 万立方米，模式种类、工程数量明显增多，技术水平快速提升；为提高沼气使用率，解决建池户后续服务问题，河北省自 2004 年开始组建沼气服务体系，形成了个人领办、企业主办、村委会承办、股份合作、农民专业合作、县服务站统领、专业协会、纳入农技推广服务等 11 种模式，建成沼气服务站点 7608 处，从业人员 15758 人，为沼气用户提供了建、管、用全方位服务。[①]

太阳能开发利用步伐加快。近几年，河北省农村太阳能开发利用步伐明

---

① 农业部科技教育司 . 中国农村能源年鉴 2009～2013. 中国农业出版社，2013（8）.

显加快。在光热转换方面，2012 年底，全省推广太阳能热水器 585.6 万平方米、太阳灶 3.6 万台，推广太阳能采暖房 149.6 万平方米；在光电转换方面，推广户用太阳能发电系统 13897 处、装机容量 878 千瓦。

秸秆能源化利用处于发展起步阶段。河北省是农业大省，农作物秸秆资源丰富，年秸秆总产量为 6176 万吨左右。目前，河北省对秸秆的综合利用基本形成肥料化、饲料化利用为主，基料化利用稳步推进，能源化利用较快发展的综合利用格局。2013 年，全省秸秆利用量为 5130 万吨，综合利用率为 83%，其中能源化利用占利用量的 4.6%，消耗秸秆 240.46 万吨。秸秆能源化利用主要通过秸秆气化、固化、炭化等技术，实现农村清洁能源的开发利用。一是秸秆压块直燃用于炊事取暖。目前有秸秆固化成型企业 149 家，年产量 13.72 万吨，组织推广生物质采暖炉具 3 万户，有效解决了农户秸秆粗放使用、烟熏火燎、就地焚烧和冬季炊事取暖问题；二是秸秆热解气化实现集中供气，全省累计发展秸秆汽化站 29 处，供气 18052 户；三是秸秆炭化。已建成秸秆炭化厂 4 家，年产量 11180 吨。

河北省农村可再生能源建设工程的实施，有效带动了农村新能源产业的发展，目前河北省各类可再生能源企业数量已达 478 个，从业人员 9598 人，实现产值 12.69 亿元。

表 10 - 3　　　　　　　河北省农村可再生能源利用情况

年份	沼气池产气总量（万立方米）	其中：大中型沼气工程（万立方米）	户用沼气		太阳能热水器（万平方米）	太阳房（万平方米）	太阳灶（台）
			用户数（户）	总产气量（万立方米）			
2008	87681.50	2143.54	2671788	85537.95	492.00	155.32	6373
2009	94337.40	1291.50	2863468	93047.11	514.20	154.86	6805
2010	94648.50	3612.90	3046719	91035.44	535.90	155.19	7001
2011	99320.70	5819.00	3108437	93502.96	561.70	157.20	7616
2012	95207.90	7602.00	2980482	87605.84	585.60	149.60	36059
2013	90856.40	8746.40	——	——	605.60	139.60	42247

数据来源：中国农村统计年鉴（2010～2014），中国统计出版社.

（3）河北省农村新能源发展存在的问题。

近年来，随着农村能源技术和使用模式进入了快速发展轨道，河北省农村可再生能源开发利用水平有了较大程度的提高，启动了农村能源清洁开发利用工程，重点推广洁净型煤、秸秆能源化利用、煤改地热、煤改太阳能、煤改电、煤改天然气和沼气、建筑节能改造等工程，推广高效清洁燃烧炉具130万台，完成22个重点县多种模式代煤试点建设，实现削煤100万吨以上和500万吨燃煤的清洁化利用。但总体来看，依然存在开发利用不足的问题。

第一，农村可再生能源发展速度缓慢，增长不稳定。由表10－3数据可以看出，2008～2013年，尽管河北省农村可再生能源发展保持了增长，但增长速度不高，从沼气池产气总量、太阳房的建设面积来看，甚至在2012年、2013年均出现连续下降现象，现有的新能源开发远不能满足农村的能源消费需求。

第二，农村的沼气开发利用水平较低，特别是大中型沼气工程规模化程度不够，我国农村能源的主角是农村户用沼气，户用沼气的推广与发展是比较迅速的，但是农村户用沼气池在具体推广过程中，不仅受制于当地自然资源富足情况和经济发展水平，也跟农民家庭的生产、生活条件和收入水平有很大的关系，农村户用沼气池的发展一直都不是一帆风顺的。目前，农村沼气用途单一，主要用于炊事、照明，没有形成沼气、沼液、沼渣综合利用，没有实现生产、生活联动效应。同时，由于农村户用沼气是一种有一定技术性要求的清洁能源，故也决定了普通农村家庭在沼气池的使用过程中总会遇到这样那样的问题，造成中国农村沼气建设中的废弃率高的问题。

第三，秸秆能源化为代表的生物质能开发水平较低，开发规模有限。尽管有数量巨大的秸秆可供开发利用，但2013年，河北省秸秆能源化利用率只有4.6%，特别是在产棉区，棉花秆并无其他用途。并且进行应用生物质汽化、炭化技术的乡村试点数量较少。粪便资源多数径直用作肥料，只有很少一部分开发成了沼气。据研究显示，如果能将剩余秸秆进行能源化利用，则可起到节能减排、防止秸秆焚烧的双重效果。据测算，将秸秆成型燃料与生物质取暖炉相配合，2吨秸秆燃料热量可抵1吨标准煤。如果能在全省推广，全省每年可得到2000万吨以上的秸秆生物质燃料，可以替代1400万吨标准煤，同时烟尘量、二氧化硫减排超过九成，由于实现了变废为宝，农民的燃料支出也将大大减少。

第四，太阳能市场开发利用的强度和广度都十分有限，开发利用的范围还应拓宽。农村太阳能利用形式主要有太阳能热水器、太阳房、太阳灶和光伏发电。目前应用最广泛的是太阳能热水器，主要解决农民洗澡用水问题，而在许多农村地区，占能源消费比例60%以上的冬季取暖仍普遍采用的是煤炉、火炕等方式，对太阳房、太阳灶和光伏发电利用仍然非常有限。

第五，农村可再生能源尚未形成技术开发体系与服务网络，农村能源工作从业人数少，专业科技队伍奇缺，在农村推广可再生能源技术并不容易。优质的可再生能源项目因为技术难以消化所以实施起来较困难；技术推广服务网络没有形成气候。可再生能源资源分布很不集中，如果不就地开发、就地使用，没有技术服务，物资器材供应不齐全，功能强大、覆盖面广的专业服务网络不健全，可再生能源就不会得到充分而有效的开发和利用。

三、农村新能源发展的制约因素

随着城镇化进程的加快，城乡能源消费需求进一步增长，由此会导致能源供需矛盾和空气污染加剧。农村能源消费模式的落后，不仅直接影响农村居民的身心健康，污染其周边生活环境，降低生活质量，而且对区域大气环境的质量产生严重影响。因此，加快农村能源消费模式转变，大力推行农村新能源建设是有效解决这一问题的重要途径。自2000年以来，为了加快推进新能源发展战略，国务院和各部委先后出台了政策、措施、实施办法等，但直到目前为止，农村能源消费结构中新能源的比例仅占5%。

上述农村能源开发利用中存在的问题表明，京津冀地区农村太阳能和生物质能资源比较丰富，有些地区的地热、小水电资源也比较丰富，但由于农村能源法律制度不完善、政府在资金、技术方面投入的限制以及农民收入水平的限制、节能减排意识淡薄等原因，使农村可再生能源建设和发展受到制约。

1. 现有农村能源法律制度不完善, 缺乏具有硬性约束的全国性农村能源专门法律

制度是约束和引导人类行为的重要工具。制度包括以法律、法规为主要内容的正式制度和由道德、习俗等组成的非正式制度。从法律层面看, 为鼓励和促进农村新能源产业发展, 国家和各地方政府纷纷出台了有关的法律法规和政策、条例 (见表 10-4 和表 10-5)。表 10-4 列示了我国目前已颁布实施的有关农村可再生能源建设和发展的法律法规和相关政策, 表 10-5 中内容显示的是目前河北省有关农村可再生能源建设的规章制度。这些法律法规的颁布和实施的确对推动我国农村新能源的发展发挥了重要作用, 但不容忽视的是, 目前的农村能源法律制度体系不完善, 法律层面的硬性约束不强。

表 10-4　　　　　　　现有农村能源建设的法律法规和部分政策文件

实施时间	法律法规名称	部门
2002 年 12 月 28 日修订通过	中华人民共和国农业法	全国人大、国务院
2002 年 6 月 29 日颁布	中华人民共和国清洁生产促进法	全国人大、国务院
2007 年 10 月 28 日修订	中华人民共和国节约能源法	全国人大、国务院
2009 年 12 月 26 日修订	中华人民共和国可再生能源法	全国人大、国务院
2011 年 8 月 31 日印发	"十二五" 节能减排综合性工作方案	国务院
2011 年	农业部关于进一步加强农业和农村节能减排工作的意见	农业部
2009 年 5 月 6 日	全国农村沼气服务体系建设方案	国家发展改革委员会、农业部
2012 年 3 月 8 日	国家发展改革委员会、农业部关于进一步加强农村沼气建设的意见	发改委、农业部
2008 年 7 月 27 日	国务院办公厅关于加快农作物秸秆综合利用的意见	国务院办公厅

资料来源: 中华人民共和国环保部网站。

表 10-5　　　　　　　　　河北省农村可再生能源政策法规

时　间	政策名称属性	主要内容
1997 年 4 月 25 日	《河北省新能源开发利用管理条例》地方法规	明确新能源行业管理职责
2008 年 10 月 8 日	《河北省沼气工程建设管理办法 (试行)》《河北省农村生物质燃气安全监督管理办法 (试行)》河北省新能源办	规范农村沼气建设

时　　间	政策名称属性	主要内容
2009 年 6 月 1 日	《河北省大中型秸秆沼气集中供气站建设方案》	加快秸秆资源能源化利用
2012 年 8 月 1 日	《河北省规模化秸秆沼气集中供气站安全生产管理制度（试行）》	加强规模化秸秆沼气生产的安全监督
2014 年	《秸秆能源化利用项目补贴标准及办法》《河北省秸秆能源化利用项目管理办法（试行）地方政府规章》《关于实施农村能源清洁开发利用工程的指导意见》地方政府规章	指导该省秸秆能源化利用工作指导农村能源清洁开发利用工程实施

资料来源：农业部科技教育司. 中国农村能源统计 2009～2013［M］. 中国农业出版社.

目前，我国还没有针对单一种类可再生能源的专门能源法律，例如"太阳能法""生物质能法"等，现有的国家层面的能源法律虽然在很大程度上促进了我国多领域的可再生能源开发和利用，对农村能源的相关问题也有所涉及，但是由于这些法律本身不是以促进农村新能源的发展为立法目标，所以其对农村新能源的规定相对较少，且过于笼统，所起到的作用也非常有限。如 2008 年 4 月 1 日起施行的新修订的《中华人民共和国节约能源法》第五十九条规定"县级以上各级人民政府应当按照因地制宜、多能互补、综合利用、讲求效益的原则，加强农业和农村节能工作，增加对农业和农村节能技术、节能产品推广应用的资金投入。国家鼓励、支持在农村大力发展沼气、推广生物质能、太阳能和风能等可再生能源利用技术……"2009 年修订的《中华人民共和国可再生能源法》第十八条规定"国家鼓励和支持农村地区的可再生能源开发利用……县级以上人民政府应当对农村地区的可再生能源利用项目提供财政支持"。显然，上述法律条款只有原则性的规定，缺乏具有可操作性和强制性的具体措施，难以发挥其应有的作用。

从河北省的情况看，为顺利推进农村能源清洁开发利用工程，河北省制定了一系列支持政策，先后印发了《河北省大中型秸秆沼气集中供气站建设方案》《河北省沼气工程建设管理办法（试行）》《河北省农村生物质燃气安全监督管理办法（试行）》《秸秆能源化利用项目补贴标准及办法》《河北省秸秆能源化利用项目管理办法（试行）》《关于实施农村能源清洁开发利用工程的指导意见》等各项地方政府规章。同样缺乏专门针对农村可再生能源发展的法律法规（见表 10 - 6），现有的农村新能源建设的制度、管理办法等都是以 1997 年颁布实施的《河北省新能源开发利用管理条例》为依据出台的相关政策，因此同样缺乏法律层面的约束力。

2. 农村新能源发展经济激励制度不健全

农村新能源开发和建设无论对于企业还是家庭而言，都是具有较强外部性的经济行为。按照环境经济学的理论，不仅空气污染产生的根源在于空气质量的公共物品特性和人类生产和消费行为的外部性，而且，针对空气污染的治理同样具有外部性和公共物品属性。也就是说，对于从事空气质量改善行为的经济主体而言，其改善的"外部性"——好处（收益）为公众所享，成本却由自己来承担，由此制约了其行动的积极性和主动性。

以秸秆的综合开发利用为例，通过秸秆气化、固化、碳化、液化技术的项目所购置的设备，秸秆禁烧减少了对空气的污染，使整个区域的空气质量得到改善，所有人因此而获益。然而，由于秸秆季节性强、收集过程中集中堆放处理和运输成本大，无论是用于生物质发电还是牲畜的饲料生产，其开发利用的成本都很大，且完全由经济主体个人来承担，在收益小于成本的情况下，很难实现显著成效。日前，我国对于发展农村新能源的专项经济激励制度严重滞后，尚未出台完整的支持农村新能源发展的信贷、税收、价格等方面的优惠政策体系，农村新能源建设资金的来源和渠道没有基本保障，还未形成系统的配套政策体系，支持和扶植的力度不够。

一是现有的法律法规中有关农村新能源发展的经济激励制度的规定过于笼统、宽泛，缺乏具体、明确的经济激励政策。例如，2008 年 7 月 27 日发布实施的《国务院办公厅关于加快推进农作物秸秆综合利用的意见》第十二条规定："对秸秆发点、秸秆气化、秸秆燃料乙醇制备技术以及秸秆收集贮运等关键技术和设备研发给予适当补助。对秸秆还田、秸秆气化技术应用和生产秸秆固化成型燃料等给予适当资金支持。对秸秆综合利用企业和农机服务组织购置秸秆处理机械给予信贷支持。"同样，1997 年 4 月 25 日开始实施的《河北省新能源条例》中仅在第十八条规定："推广和应用新能源技术和产品，享受下列优惠待遇：（一）开发利用新能源属于国家高新技术，应当按照国家有关规定，实行资金、信贷、税收以及能源节约和综合利用的优惠政策。

（二）来本省投资进行新能源开发利用的单位和个人，享受本省有关招商引资的优惠政策。（三）农村集体和居民兴建新能源生态综合利用设施，享受当地人民政府制定的鼓励和扶持政策。"显然，上述条款只体现了经济激励的原则，对如何运用税收政策、信贷政策，以及优惠的数量和力度等均缺乏明确规定，相关领域的税收政策和信贷政策的出台严重滞后。

二是财政补贴标准过低，对使用清洁能源的替代激励作用有限。尽管各级政府为鼓励和扶持农村新能源发展陆续出台了一些相关的财政政策和补贴制度，但作用有限。其原因在于，政府补贴的资金难以弥补可再生能源开发利用的成本和代价。

例如，目前农村可再生能源开发利用的主要方式是农村居民的户用沼气池建设。当前建设一个户用沼气池的成本要 5000 多元，如再结合"三改"配套，需要农户投入近 2 万元；而按照《国家发展和改革委员会办公厅、农业部办公厅关于抓紧申报 2009 年农村沼气建设项目的通知》规定的补助标准（东北、西部地区每户补助 1500，中部地区 1200，东部 1000）只有 1600 元。为此，据记者对一些农户的调查反映："户用沼气做饭确实好，又省钱又干净，但建一个沼气池需要自筹 3900 多元，那还是不划算。"可见，过低的补贴标准使不少地区的农民难以承受自身需要承担的沼气池的建造成本，再加上看不到近期效益，使得农民参与沼气池建设的积极性并不如人所愿，从而较大地影响了农村沼气池的建设速度和质量。

不仅如此，近年来，为有效治理雾霾，针对农村居民取暖的用煤问题，河北省政府出台了多项政策和措施，鼓励使用环保清洁的型煤。但是，由于农村散煤销售相对低廉导致清洁能源利用推广十分不理想。其原因在于，优质型煤价格在 900 元/吨左右，而劣质散煤的价格可低至 360 元/吨。型煤市场售价是散煤价格的 2 倍以上，即使算上补贴，仍然比散煤贵几十元到上百元不等。以石家庄为例，2015 年石家庄市洁净型煤销售指导价确定为每吨 880 元，各县（市、区）可根据全市统一指导价格，考虑地域运输等差异确定销售价格。居民购置洁净型煤每吨补贴 360 元，由市、县两级财政按照 1：1 比例承担。如此，对于农村中低收入居民而言，使用清洁能源的负担依然较重，过高的能源消费支出导致了清洁能源很难以纯市场化的模式在农村地区推广。这也反映出清洁能源政策支持力度不足的问题。

三是新能源开发投资政策支持力度不够，投资主体单一。农村可再生能源建设与发展，是一项利国利民的公益性事业，需要政府、社会、农民共同参与。目前，河北省农村可再生能源发展的经费投入达 2.3 亿元，主要是以中央和省级财政投资为主、市县级财政配套为辅的资金筹措方式，社会资金、农户自筹资金等虽有体现，但比例相对较小，而且不太稳定。资金筹措渠道的单一，尤其是部分基层地区的项目建设资金不足，在一定程度上影响了全省农村可再生能源事业的发展。由于资金不足，沼气至今在较多适合发展的农村地区仍没有得到推广。不仅如此，在沼气建设过程中还出现有的地方政府由于财力不足，没有相应的配套资金，不惜为了完成上级的任务存在重数量、轻质量的现象，导致沼气池建后的维护成本更高，运行效益和环境效益欠佳，造成了不必要的人力、财力、物力的浪费，影响了群众参与的积极性和新能源技术在农村的推广。可以说，投资主体单一而导致的资金缺乏是造成农村新能源供给总量和种类不足，而制约农村新能源可持续发展的一个重要原因。据新闻报道显示，河北省 2014 年型煤推广并不理想。某个地级市任务是 15 万吨，实际只完成 3000 多吨。而造成这一现象的原因之一是基层政府部门工作人员认为，"型煤补贴财政压力大、长久补贴存在困难。如 2014 年廊坊 40 万吨任务，一吨补 600 元，需要 2 个多亿。而且补贴主要在县一级财政、每年任务都在增加，对一些财政困难县压力很大。"[①] 可见，财政补贴的匮乏是导致型煤推广受阻的主要原因。

此外，由于新能源开发利用项目的社会效益较大，经济效益相对较小，且开发具有投资大、周期长、风险高、收益慢的特点。在市场激励机制和制度不健全的条件下，以利润最大化为追求目标的企业显然对农村新能源项目的开发缺乏投资热情。没有充足的资金投入，融资渠道的单一，势必严重制约农村新能源开发利用的可持续。

3. 新能源开发技术支撑不足，服务体系不健全

新能源利用与开发需要一定的技术支撑，而目前，河北省乃至全国农村

---

① 大气污染"农村包围城市"，散煤治理到底有多难，新华网 http：//news. xinhuanet. com/2015 - 09/22/c_1116644578. htm.

地区技术配套上还存在较大缺口，导致推动农村地区新能源发展的研发能力严重不足，各种新能源利用技术和科技项目规模推广受到一定的制约。

一方面，专业技术人才不足。农村可再生能源设施设备专业性、技术性较强，其开发使用规模很大程度上取决于农技推广部门尤其是专业技术指导人员的宣传、讲解。目前，我国农村新能源技术服务人员严重缺乏，现有从事可再生能源的生产、营销等的主体以农民为主，难以满足农户利用新能源过程中对技术服务的需求，从而影响了农村新能源的使用效果和推广速度。例如，由于技术人员的缺乏和技术水平的落后，目前农村地区的沼气使用者较多没有经过专门的技术培训，因而他们无法将沼气技术和生态农业技术相结合，沼气还仅仅停留在被主要用于生活燃料及照明，导致沼渣、沼液综合利用程度偏低或直接排放，不但会造成资源的浪费，更重要的是还会造成对环境的二次污染。

另一方面，农村新能源技术服务体系滞后制约农村能源有效利用。许多农村能源项目建成后的使用和管理环节经常被忽略，造成了能源效能得不到最大限度的发挥。以沼气池建设为例，每年新建沼气池数量不断增长，发展速度较快，但后期的使用效果不佳，配套的技术支持和服务管理体系跟不上，造成沼气池漏气、沼气开关装备易损坏等问题得不到及时维修，农户自身又很难解决，只能闲置，直接制约了沼气池的有效利用率和使用效益。从当前农村对于可再生能源的使用情况来看，太阳能热水器、太阳灶、太阳能光谱发电系统等设施同样缺乏配套的服务体系，市场化和产业化水平低，影响了农村能源和可持续发展的可靠运行。

此外，由于技术支撑不足，河北省目前省柴节煤炉灶炕的后续推广工作滞后于社会发展的步伐，早期推广的改良炉灶普遍存在技术水平相对落后、完好率低等问题；同时，在规模化沼气工程和生物天然气工程建设方面还远不能满足农村实际需求。

4. 农村可再生能源的观念意识不强

虽然河北省把农村可再生能源发展作为一项重要工作来抓，但仍有部分干部群众的思想境界不高，尤其是农村可再生能源发展面临的新形势认识不到位。对部分干部而言，要么认为是完成上级下达的任务，要么认为可以捞政绩，没有从根本上认识到发展农村可再生能源的重要性，没有将其作为保护农村生态环境的重要举措来抓。对大部分群众而言，农村可再生能源可有可无，如果政府给补贴或帮助修建与维护工程就支持，如果自费建设就拒绝。思想认识的不足，在一定程度上影响了农村可再生能源的进一步发展。据一些学者的调查显示，在许多农村有超过62%的村民对能源的低碳环保性认识不清，近七成农民不能严格做到节能减排，尤其是对待农村随处可得的生物质能。环保方面，农民意识更是薄弱，当家用能源节约与环保发生冲突时，农民往往从自身家庭的条件考虑，为了家庭节约而选用低成本、高污染的传统能源。总之，农民在节能和环保方面存在意识薄弱，严重影响新能源在农村的进一步发展。另外，由于农民受教育程度比较低，思想落后、保守，对新事物接受慢，甚至抵触新事物，因此他们往往不愿意接受新能源，缺乏长远的能源消费规划与理念。[1] 农村能源理念缺失直接导致农村居民能源使用方式落后。

农村能源理念缺失主要有两方面原因：其一，受教育程度普遍偏低，对能源关注度较低，对合理利用农村能源缺乏认识和了解，尚未能形成科学的能源理念。同时，受长期生活习惯的影响，很多农民固守原有的传统能源观念，在他们看来，薪柴、木炭、粪肥或植物残余等传统的生物能源，就地取材，唾手可得且使用方便，又不需要花钱去买，这是最好不过的。因此，面对新型能源效用的宣传，部分农民有些不适应，接受起来较为困难，对开发利用新型清洁能源持观望态度，增加了农村能源理念普及工作的难度，致使农村能源建设进程缓慢。其二，现阶段农村能源宣传教育投入和力度远远不够，没有形成全社会积极参与和支持开发利用农村能源的局面。

四、河北省农村新能源发展制度创新

1. 完善农村可再生能源发展的法律法规体系

以现有的《环境保护法》《节约能源法》《可再生能源法》等为基础，加

---

[1] 于凤玲. 低碳经济下中国农村新能源发展研究［J］. 发展研究，2015（1）.

快补充和完善相应的配套法律，包括支持农村可再生能源发展的税收、财政和信贷支持等政策的法律法规，以充分发挥法律对农村新能源发展的强制性约束功能。

一是开展国家层面针对农村可再生能源发展的专门立法工作，应对农村可再生能源建设问题，制定诸如"农村能源法""太阳能法""生物质能法"等专门法律法规或条例，修订和完善各类可再生能源开发利用的技术标准，并在各项条款的制定中充分体现法律、法规和能效标准等具有的强制约束力，比如，在其中硬性规定农村可再生能源建设必须要同时建立相应的技术服务中心和技术服务标准，还要规范政府资金支持力度和机制等。

二是加强地方法律法规的制定。河北省应根据本地区的资源禀赋，资源优势，因地制宜地制定适合本省的地方性法规和规章制度，来促进本地区农村能源低碳发展、保障农村可再生能源推广建设。例如，针对河北省农村能源消费散煤比例高、污染严重、同时清洁高效的型煤推广不力的状况，应积极借鉴山东省淄博市的先进经验，尽快出台有关加强煤炭清洁利用的《河北省煤炭清洁利用监督管理办法》的法规政策，加强对煤炭生产、运输、储存、经营、燃烧全环节的监管；对不严格按照规章制度的行为要制定明确具体的处罚措施，规范煤炭清洁利用，降低污染物排放。

2. 加强农村可再生能源发展的经济激励制度建设

为有效治理空气污染，解决好农村能源的利用，河北省政府提出新的建设目标：大力推广高效清洁燃烧炉具，到 2018 年底普及率达到 80% 以上；推广秸秆成型燃料、秸秆打捆直燃、秸秆沼气联户供气、秸秆气化集中供气等方式解决农户炊事采暖用能；在有条件的农村、乡镇机关企事业单位实行集中供暖，到 2018 年底，保持年消耗秸秆 610 万吨以上，占秸秆可收集量的 10.2%。

由于新能源产业是具有较高风险和明显正外部性的产业，单凭市场机制无法实现其有效配置和健康发展，尤其是在经济社会发展条件相对落后的农村地区。所以，加强市场化的经济激励手段的运用，就成为政府用以鼓励和扶持农村新能源发展的一种重要政策选择。

农村新能源经济激励制度是以农村地区可持续发展为目标，以现有的有关农村能源的法律制度为基础，通过立法设定一些必要的经济机制鼓励农村新能源的发展，激励政府、企业和公众自愿投入农村新能源的开发、利用和消费中去。具体来说，应考虑从以下几个方面着手：

（1）完善农村新能源财政补贴制度。

可再生能源的建设都离不开大量资金投入，这是可再生能源开发的初始动力和基本保障。必须健全和完善农村新能源财政补贴制度。首先，需要建立支持农村新能源建设的财政专项资金，并列入政府经常性财政预算项目之中。其次，加大政府资金投入力度，通过财政拨款、贴息或低息贷款、免税、定价等经济激励措施使可再生能源技术在经济上可行。最后，政府要对农村新能源项目给予税收政策上的方便和优惠，引导和调动农村企事业单位和农户开发利用清洁能源，通过各项资金政策鼓励更多的企业参与到新能源开发项目中来。不可否认农民是这项事业发展的主体力量，通过补贴、优惠等方式，调动农民积极性，使其主动参与、承担项目建设，共同推动事业发展。

（2）拓宽融资渠道，完善农村能源投融资体系。

如前所述，我国农村新能源建设资金的来源和渠道单一，没有形成系统的配套政策体系，支持和扶植的力度明显不够。为此，应积极完善农村能源投融资体系，拓宽融资渠道，建立以财政投入为导向、建设单位为主体、社会资金广泛参与的投入机制，多渠道、多层面筹集开发建设资金，通过农业专业银行（如农业发展银行）和农村信用社，采取政府贴息、优惠利率等措施，为开发利用农村可再生能源提供信贷支持，建立农村小额贷款渠道，鼓励农民在不影响生态环境的情况下自主开发，就地消化解决。按照"谁投资、谁受益"的原则，通过顶层设计以及引入 PPP 融资模式等，引导多个主体特别是大企业、大集团积极介入开展大型沼气工程项目、分布式光伏发电项目、秸秆等。这是推动和加快可再生能源发展的关键。

（3）建立农村新能源发展基金制度。

农村新能源发展基金制度是指为了从资金上保障农村新能源的发展而专门建立的专项基金筹集、管理和使用的相关法律制度。新能源产业化是农村新能源发展的必然趋势，但新能源产业化所需要的大量资金不可能全部来自政府，设立农村能源产业基金是目前较为理想的选择。通过能源产业基金，实现融资多元化，同时支撑着投资形式的多元化和投资区域的多元化，从而推动农村新能源快速发展。

3. 健全农村新能源开发利用的技术服务体系

首先，政府应增加对新能源技术研究开发的资金投入，解决新能源利用的关键技术问题，提高设备与工艺水平，降低农村新能源开发和科技转化的成本；同时，加大农村能源服务设备投入，提高能源服务机构硬件水平，保证服务质量。

其次，要加强对农村能源服务技术人员的专业培训，提高技术人员的职业水平，提高农村能源服务质量和农村能源的使用效率及效能发挥，为新能源技术在农村大规模推广应用创造条件，为河北省农村新能源的产业化和市场化打下基础。

再次，加快村级农村能源服务网点的建设，使农村能源服务机构达到全面覆盖，尽量减少能源服务盲区；成立相关的行业协会，负责专业化施工、管理、技术咨询、人员培训等内容。加强农村新能源项目建前、建中、建后服务体系建设，形成以新能源产业为核心的生产性和生活性服务业。

最后，政府必须对农村能源服务项目的收费标准予以规范，加强能源服务行业的管理和监督。农民的收入相对有限，如果能源服务及维修收费过高，会造成农民用能成本增加，从而挫伤农民使用能源积极性。政府部门应对能源服务企业或政府相关部门提供财政专项补贴，降低能源服务及维修成本，使农村能源服务项目收费标准维持在农户可以接受的范围之内。

4. 加强农村新能源教育、培训制度建设

农村新能源的开发利用是解决中国农村能源效率低下问题和实现农村节能减排的主要途径。为此，各级政府相继提出了与新可再生能源发展有关的法律、政策和法规。但由于农村居民所受教育程度比较低，一般对政府的相关政策并不了解或不关注；与此同时，农村能源的开发和利用还处于初级阶段，部分农村居民对农村新能源尤其是可再生能源如沼气等的使用存在观望心理，开发利用生物质能源的意识淡薄，对能源综合利用效率关注度较低，尚未形成科学的能源消费理念。因此，这就需要政府大力加强"节能环保"和新能源的知识普及，通过各种途径，积极开展能源综合利用的科普宣传及新能源使用的惠农政策的讲解，加强对农民的能源教育，深化农民对于能源的认识，提高群众节约常规能源、使用可再生能源以及利用生物质能的意识，为农村能源建设奠定良好的思想准备和群众基础。同时，着力进行农村能源相关的科普宣传、培训及技术指导，使农民能够掌握农村能源的基本知识、基本原理、生产技能和操作方法，增加农民能源知识储备。通过大力的、持续地宣传和教育，使农民广泛参与到农村能源的建设中来，发挥农村能源建设的主力军作用，为建设资源节约型和环境友好型的新农村做出贡献。

参 考 文 献

[1] 苏杨. 中国农村环境污染调查 [J]. 经济参考报, 2006 - 01 - 14.

[2] 路明. 我国农村环境污染现状与防治对策 [J]. 宏观经济管理, 2008 (7).

[3] 支国瑞. 我国北方农村生活燃煤情况调查、排放估算及政策启示 [J]. 环境科学研究, 2015, 28 (8): 1179 - 1185.

[4] 张小蒂等. 市场化进程中农村经济与生态环境的互动机理及对策研究 [M]. 浙江大学出版社, 2009.

[5] 曾鸣, 谢淑娟. 中国农村环境问题研究——制度透析与路径选择 [M]. 经济管理出版社, 2007: 137 - 144.

[6] 王勇, 王雄. 现行环保体制与农村环境污染的不兼容性研究 [J]. 武汉科技学院学报, 2008 (12).

[7] 孔荣. 西部地区生态建设的环境政策体系研究 [J]. 农业环境与发展, 2008 (5).

[8] 孙新章, 周海林. 我国生态补偿制度建设的突出问题与重大战略对策 [J]. 中国人口·资源与环境, 2008, 18 (5).

[9] 杨小波 主编. 农村生态学 [M]. 中国农业出版社, 2008 (12).

[10] [美] 巴利·菲尔德, 玛莎·菲尔德著. 原毅军、陈艳莹译. 环境经济学 (第5版) [M]. 东北财经大学出版社, 2010 (4).

[11] 中央电视台《焦点访谈》. 良田变成污水坑. 央视网. http://news.cntv.cn/program/jiaodianfangtan/20100331/104373.shtml.

[12] 河北省环保局. 2006 年、2007 年河北省环境状况公报. 河北省环保厅网站.

[13] 河北省人民政府. 河北省生态省建设规划纲要. 河北省人民政府网站.

[14] 河北省统计局. 2009 年河北省经济统计年鉴 [M]. 中国统计出版社, 2009.

[15] 国家统计局. 2009 年中国环境统计年鉴 [M]. 中国统计出版社, 2009.

[16] 国家统计局农村社会经济调查司. 2009 年中国农村统计年鉴 [Z]. 中国统计出版社, 2009.

[17] 河北省统计局. 河北省第二次农业普查主要数据公报（第三号）. 河北省统计局网站 http：//www. hetj. gov. cn/col1/col67/index. html？id＝67.

[18] 河北省统计局. 河北经济年鉴 2015, 河北省统计局网站 http：//www. hetj. gov. cn/res/nj2015/indexch. htm.

[19] 李忠峰, 黄奎. 河北全流域生态补偿机制显威力 [N]. 中国财经报, 2010－07－20.

[20] 搜狐新闻：河北率先推行全流域生态补偿制度. 搜狐网 http：//news. sohu. com/20090504/n263765166. shtml.

[21] 杨远超. 我国农村环境监管法律问题研究 [D]. 重庆大学硕士学位论文, 2010.

[22] 河北省人民政府. 关于加强农村环境保护工作的通知（冀政办 [2008] 5 号）. 河北省人民政府网 http：//www. hebei. gov. cn/article/20080416/963115. htm.

[23] 中华建筑报. 河北：环境整治使农村面貌焕然一新. http：//www. newsccn. com/2010－07－27/11377. html.

[24] 河北新闻：河北农村环保"以奖代补"全面推进. 燕赵都市网 http：//yanzhao. yzdsb. com. cn. 2009－09－08.

[25] 沈国舫. 中国环境问题院士谈 [M]. 中国纺织出版社, 2001.

[26] 顶如松. 生态环境内涵的问题与思考 [J]. 科技术语, 2005 (5)：28.

[27] 国家统计局. 2013 年中国统计年鉴 [M]. 中国统计出版社, 2014 (10).

［28］搜狐新闻．我国受污染耕地占耕地总面积 10% 以上．搜狐网 http：//news. sohu. com/20070423/n249611432. shtml，2007 − 04 − 23.

［29］环保部．新农村需要良好环境——环境保护部全国乡镇领导干部培训侧记. http：//rss. mep. gov. cn/rlzy/gbpx/200906/t20090601_152161. htm，2009 − 06 − 01.

［30］国家统计局．第一次全国污染源普查公报.http：//www. stats. gov. cn/tjgb/qttjgb/qgqttjgb/t20100211_402621161. htm，2010 − 02 − 11.

［31］张维庆．中国可持续发展的思考［J］．中国政协，2008（11）.

［32］王礼先．生态环境建设的内涵与配置［J］．资源科学，2004（8）26 − 27.

［33］世界环境与发展委员会．我们共同的未来，1988.

［34］马中．环境与自然资源经济学概论［M］．高等教育出版社，2006 年.

［35］中国科学院新闻．沙漠化治理与研究国际培训班在兰州开班. http：//www. cas. cn/xw/yxdt/200809/t20080916_986681. shtml，2008 − 09 − 16.

［36］农业部．农业源污染中畜禽养殖业污染问题突出．中国网 http：//www. china. com. cn/news，2010 − 02 − 09.

［37］河北省农业厅．农业面源污染治理（2015~2018 年）行动计划．农业厅网站 http：//www. heagri. gov. cn/article/tzgg/201507/20150790059193. shtml，2015 − 07 − 16.

［38］孙瑞彬副省长在全省农村环境保护工作会议上的讲话．河北环境保护年鉴 2008，河北人民出版社，2008.

［39］中国地质调查局．华北平原地下水污染调查评价．新华网新闻 http：//news. xinhuanet. com/society/2010 − 11/03/c_12735549. htm，2010 − 11 − 03.

［40］李海鹏．中国农业面源污染的经济分析与政策研究［D］．华中农业大学博士论文，2007：24.

［41］中国地质调查局．华北平原地下水污染调查评价．新华网 http：//news. xinhuanet. com/society/2010 − 11/03/c_12735549. htm.

［42］河北省人民政府网．河北省人民政府办公厅印发《关于加强农村环境保护工作的通知》，http：//www. hebei. gov. cn/article/20080416/963115. htm，

2011 - 02 - 20.

[43] 河北：环境整治使农村面貌焕然一新．中华建筑报 http：//www. newsccn. com/2010 - 07 - 27/11377. html，2011 - 02 - 20.

[44] 李莹，白墨，杨开忠等．居民为改善北京市大气环境质量的支付意愿研究 [J]．城市环境与城市生态，2001 (5)．

[45] 赵军，杨凯，邰俊等．上海城市河流生态系统服务的支付意愿 [J]．环境科学，2005 (2)．

[46] 蔡银莺，王晓霞等．居民参与农地保护的认知程度及支付意愿研究 [J]．中国农村观察，2006 (6)．

[47] 王倩．济南市空气污染对人体健康造成经济损失的评估 [D]．山东大学，2007 (7)．

[48] 王许，俞花美，段捷频等．海南省典型生态文明村居民环境意识调查分析 [J]．安徽农业科学，2009，37 (2)．

[49] 靳乐山，郭建卿．农村居民对环境保护的认知程度及支付意愿研究——以纳板河自然保护区居民为例 [J]．资源科学，2011 (1)．

[50] 李丹等．河北省乡镇集中式饮用水水源地现状调查与对策研究．河北环境科学，2010 (3)．

[51] 罗盛焕．改善农村水环境的对策措施 [J]．广东农业科学，2008 (9)：136.

[52] 张霄．宁波市镇海区畜禽粪便污染治理的实践与启示 [J]．浙江农村机电．

[53] 毕树广等．冀西北贫困成因及完善补偿机制的研究——基于京张生态等合作中问题的调查分析 [J]．改革与战略，2010 (8)．

[54] 世界银行哈密尔顿等．里约后五年——环境政策的创新 [M]．中国环境科学出版社，1998.

[55] 周道许，宋科．绿色金融中的政府作用 [J]．中国金融，2014 (4)．

[56] 张璐阳．低碳信贷——我国商业银行绿色信贷创新性研究 [J]．金融纵横，2010 (4)．

[57] 田晓丽．绿色信贷发展的河北实践．和迅财经网 http：//

bank. hexun. com/2016 – 10 – 12/186383750. html.

［58］刘传岩．中国绿色信贷发展问题探究［J］．税务与经济，2012（1）．

［59］王振红．绿色保险与绿色证券在我国仍处于探索和起步阶段．中国网 http：//news. china. com. cn/txt/2015 – 06/25/content _ 35907931. htm，2015 – 06 – 25.

［60］国家统计局能源统计司．中国能源统计年鉴2015［M］．中国统计出版社，2015.

［61］张彩庆．京津冀农村生活能源消费结构及影响因素研究［J］．中国农学通报，2015，31（19）：258 – 262.

［62］章永洁等．京津冀农村生活能源消费分析及燃煤减量与替代对策建议［J］．中国能源，2014（7）：39 – 43.

［63］许永兵．低碳背景下农村能源消费结构优化的路径与对策——以河北省为例［J］．经济与管理，2015（1）：82 – 85.

［64］陈柳钦．国内外绿色信贷的实践路径［J］．环境经济，2010（12）．

［65］邓静秋，邢志贤等．畜禽养殖对环境的污染和防治对策．2010中国环境科学学会学术年会论文集（第二卷）［C］．中国环境科学出版社，2010：1407.

［66］仇焕广等．中国农村可再生能源消费现状及影响因素分析［J］．北京理工大学学报（社会科学版），2015（5）．

［67］农业部科技教育司．中国农村能源年鉴2009～2013［M］．中国农业出版社，2013.

［68］王尔德．"十一五"生物质能指标未完成［N］．21世纪经济报道，2011 – 08 – 09.

［69］张晖，张静．农村能源利用与发展问题研究［J］．林业经济，2012（9）．

［70］于凤玲．低碳经济下中国农村新能源发展研究［J］．发展研究，2015（11）．

［71］叶宏，雍毅等．农村生活污染防治议．2010中国环境科学学会学术年会论文集（第一卷）［C］．中国环境科学出版社，2010：961 – 965.

[72] 王军，王淑燕等.关于我国农村生活污水治理对策的研究.2010中国环境科学学会学术年会论文集（第三卷）［C］.中国环境科学出版社，2010：2798-2800.

[73] 朱文清.美国休耕保护项目问题研究.林业经济，2009（12）：82.

[74] Scott J. Callan，Janet M. Thomas 著.李建民，姚从容译.环境经济学与环境管理——理论、政策和应用（第3版）［M］.北京：清华大学出版社，2006：318-363.

[75] 马中，葛察忠等编著.环境经济研究进展（第一卷）［M］.中国环境科学出版社，2009.

[76] 葛察忠，王金南等编著.环境经济研究进展（第二卷）［M］.中国环境科学出版社，2009.

[77] 张爱勤.我国农村环境治理战略及其制度体系的构建［J］.特区经济，2008（12）.

[78] 张国富，孙金华.论农村公共品供给与新农村的建设［J］.经济问题，2006（2）.

[79] 陈润羊，花明.构建农村环境保护长效机制研究［J］.农业环境与发展，2010（5）.

[80] 司言武.农村水污染治理的公共政策研究［J］.经济论坛，2008（18）：118-121.

[81] 农业部环境监测总站：农业生态环境政策法规数据库.中国农业生态环境网.http：//www. public. tpt. tj. cn.

[82] 袁华萍.资源、环境与农业可持续发展的政策引导［J］.江淮论坛，2006（5）.

[83] 李俊松.新农村建设生态建设的重要性及对策建议［J］.安徽农学通报，2008，14（17）：22-24.

[84] 陈群元，宋玉祥.我国新农村建设中的农村生态环境问题探析［J］.生态经济（中文版），2007（3）：146-148.

[85] 温铁军.新农村建设中的生态农业与环保农村［J］.环境保护，2007（1）.

［86］张霄．宁波市镇海区畜禽粪便污染治理的实践与启示［J］．浙江农村机电，2008（6）．

［87］曾波，苏晓燕．严控污染下乡 加强农村环境保护［J］．中国环保产业，2009（2）．

［88］王军，李逸波等．基于生态补偿机制的京津冀农业合作模式探讨［J］．河北经贸大学学报（双月刊），2010，31（3）．

［89］黄寰，周玉林等．论生态补偿的法制保障与创新［J］．西南民族大学学报（人文社会科学版），2011（4）．

［90］李平．我国农业生态环境补偿制度建设可行性研究［J］．宁夏社会科学，2010（6）：58－61．

［91］严湘桃．对构建我国"绿色保险"制度的探讨［J］．保险研究，2009（10）．

［92］田辉．中国绿色保险的现状问题与未来发展［J］．发展研究，2014（5）．

［93］张文鑫等．我国绿色证券制度问题及对策建议［J］．商场现代化，2012（3）．

［94］吴大鹏．推动我国农村地区新能源利用的对策研究［J］．农村经济，2012（6）．

［95］江帆，姚进．绿色保险：如何叫好又叫座［N］．经济日报，2015－09－09 第014 版．

［96］孙景亮，孙晓．京津冀北地区应尽快建立常规型生态补偿机制．2010 中国环境科学学会学术年会论文集（第一卷）［C］．中国环境科学出版社，2010：627－630．

［97］河北省发展和改革委员会．河北省可再生能源发展十三五规划．河北政府信息网 http：//info. hebei. gov. cn/eportal/ui？pageId＝1966210&articleKey＝6675503&columnId＝330035．

［98］大气污染"农村包围城市"，散煤治理到底有多难，新华网 http：//news. xinhuanet. com/2015－09／22/c_1116644578. htm．